Sinosauropteryx

Tyrannosaurus

Szechuanosaurus

saurus

Tianyulong

Centrosaurus

Wuerhosaurus

Mamenchisaurus

Dromaeosaurus

gaia

Microraptor

Spinosaurus

Wuerhosaurus

Huayangosaurus

Saichania

Tyrannosaurus

Stygimoloch

Centrosaurus

Szechuanosaurus

Olorotitan

Triceratops

Therizinosaurus

Tianyulong

Microraptor

Mononykus

Nodosaurus

Sinosauropteryx

Tyrannosaurus

Miragaia

Protoceratops

Stegoceras

Tatisaurus

Stegoceras

Dromaeosaurus

Stygimoloch

Tatisaurus

Mononykus

献给：
正在被青春期困惑的男生女生
希望你们能通过书中的恐龙故事，心领神会一些不便言说的秘密

杨杨和赵闯的恐龙物语

# 你相信有免费的晚餐吗？

杨杨／文　赵闯／绘
啄木鸟科学艺术小组作品

吉林出版集团有限责任公司 | 全国百佳图书出版单位

**国际著名古生物学家**
**美国自然历史博物馆古生物部主任**
**啄木鸟科学艺术小组英文出版项目审稿人**
**马克 · 诺瑞尔博士为赵闯和杨杨系列作品所做的推荐序**

（译文）

　　我是一个古生物学家，在可能是世界上最好的博物馆里工作。不管是在蒙古科考挖掘，还是在中国学习交流，或只是在纽约研究相关数据，我的生活中总是充满了各种恐龙的骨头。恐龙已经不仅仅是我的兴趣，而是我生命的一部分，在这个地球的每一个角落陪伴着我一起学习、一起演讲、一起传授知识。

　　许多科学家，都在一个封闭的环境中工作。复杂的数学公式，难以理解的分子生物化学，还有那些应用于繁复理论的数据……这是一个无论科学家们多努力也无法让普通人理解的工作环境，加上大多数科学家缺乏与公众交流的本领，无法让他们的研究成果以一种有趣而平易近人的方式表达出来，久而久之，人们开始产生距离感，进而觉得科学无聊乏味。恐龙却是一个特例：不管什么年龄层的人都喜欢恐龙，这就让恐龙成为大众科普教育的一个绝佳题材。

　　这就是为什么赵闯和杨杨的工作如此重要。他们两位极具天赋、充满智慧，但他们并没有去做职业科学家。他们运用艺术和文字作为传递的媒介，把恐龙的科学知识普及给世界上的所有人——孩子，父母，祖父母，甚至其他科学领域的科学家们!

　　赵闯的绘画、雕塑、素描以及电影在体现恐龙这种奇妙生物上已经达到了极高的艺术境界，他与古生物学家保持着紧密的联系，并基于最新的古生物科学报告以及论文进行创作。杨杨的文字已经超越了单纯的科普描述，她将幽默的故事交织于科普知识中，让其表现的主题生动而灵活，尤其适合小读者们进行自主阅读，发掘其中有趣的科学秘密。基于孩子们对恐龙这种生物的热爱，其他重要的科学概念，包括地理、生物、进化学都可以被快乐地学习。

　　赵闯和杨杨是世界一流的科学艺术家，能与他们一起工作是我的荣幸。

# 推荐序原文

I am a paleontologist at one of the world's great museums. I get to spend my days surrounded by dinosaur bones. Whether it is in Mongolia excavating, in China studying, in New York analyzing data or anywhere on the planet writing, teaching or lecturing, dinosaurs are not only my interest, but my livelihood.

Most scientists, even the most brilliant ones, work in very closed societies. A system which, no matter how hard they try, is still unapproachable to average people. Maybe it's due to the complexities of mathematics, difficulties in understanding molecular biochemistry, or reconciling complex theory with actual data. No matter what, this behavior fosters boredom and disengagement. Personality comes in as well and most scientists lack the communication skills necessary to make their efforts interesting and approachable. People are left being intimidated by science. But dinosaurs are special- people of all ages love them. So dinosaurs foster a great opportunity to teach science to everyone by taping into something everyone is interested in.

That's why Yang Yang and Zhao Chuang are so important. Both are extraordinarily talented, very smart, but neither are scientists. Instead they use art and words as a medium to introduce dinosaur science to everyone from small children to grandparents- and even to scientists working in other fields!

Zhao Chuang's paintings, sculptures, drawings and films are state of the art representations of how these fantastic animals looked and behaved. They are drawn from the latest discoveries and his close collaboration with leading paleontologists. Yang Yang's writing is more than mere description. Instead she weaves stories through the narrative, or makes the descriptions engaging and humorous. The subjects are so approachable that her stories can be read to small children, and young readers can discover these animals and explore science on their own. Through our fascination with dinosaurs, important concepts of geology, biology and evolution are learned in a fun way. Zhao Chuang and Yang Yang are the world's best and it is an honor to work with them.

*Mark Norell*

# 唯有努力，不负少年

——致读者朋友

卓小舟同学：

你好！

我们虽然未曾谋面，可是这几天我总是想起你。一想到你的委屈和愁苦，我的心里就难过得要命。我不知道你的课外辅导老师为什么要对你说那样的话，我想任何一位真正的老师都不会告诉他的学生"你太笨了，永远都当不了画家"。因为我可以肯定地告诉你，没有哪一个学生天生就是笨蛋，而又有哪一位画家、音乐家或者数学家是靠着聪明取得他们的成就的？

我想讲一个故事给你听，是关于我的朋友的，我们暂且叫他 W 君吧。

W 君在小时候是一个很普通的学生，成绩平平，也没有表现出任何一种天赋。W 君所在的地方考试竞争非常激烈，于是那时候他的家乡也和你们现在一样流行各种各样的辅导班，W 君的同学几乎每人都上辅导班，即便不上辅导班的，家长也给找了课外兴趣班。W 君的家境非常不好，他父母没钱给他上辅导班，也没钱上兴趣班。所以放学以后，W 君最常见的状态就是目送同学们不情愿地继续去上课，然后趴在楼道里的栏杆上百无聊赖地看着操场。他说那个时候他已经明白了孤独的感觉，明白了对未来失去希望的感觉。

不过，W 君有一位好老师。

这位老师是 W 君的班主任，每天放学后，她都能透过办公室的窗户看到 W 君。起先，她没太在意这个普通的学生，可是时间长了，她便觉得有些不对劲，因为 W 君变得越来越沉默寡言，上课也提不起精神。

　　W君的班主任并没有找他谈话，只是在他每次交的作业上都会加一条批注。这些批注每次都不太一样，但是有一句话却是每个批注里都有——只要再努力一点。

　　W君告诉我这件事情的时候，依然能清楚地记得这些批注，"这次的作文写得很好，特别是角度选取得很独特，只要再努力一点，下次的作文或许就能成为老师朗诵的范文"。"你对于这首诗的理解很准确，特别是考虑到了诗人所处的时代背景，非常难得，只要再努力一点，考试中的诗歌解析题一定能拿个不错的分数。"……

　　W君最初以为班主任老师在每个同学的作业本上都加上了这些批注，可是没过多久他就发现，似乎只有他得到了批注。于是，这些批注变成了他和班主任之间的约定，W君真的开始像班主任说的那样努力起来。

　　W君后来成为了一位科学家，在他研究的领域取得了很大的成就。人们开始议论他，说幸运之神垂青了他，让他天赋异禀，早在年少时期就已经流露出过人的才华。可只有W君自己知道，他并没拥有什么过人之处，唯有那句"只要再努力一点"。

　　小舟，我想和你说的就是这些。所有有所成就的人，都付出了不亚于任何人的努力。没有只凭借天赋、只依靠机会，而不付出努力就能成功的人。所以，只要你热爱，并为自己的热爱付出努力，没有什么可以成为你实现梦想道路上的绊脚石。真心地祝愿爱画画的你能够遵循自己的心，在你喜欢的道路上坚持下去。

　　同时，我也把这本书中的故事送给你以及和你一样拥有梦想的孩子，当你们看到书中的每一只恐龙不论强大还是弱小，他们为生存所做出的努力时，一定会为了实现你们的梦想而更加努力。

栩栩

2015 年 3 月　北京

# 目录

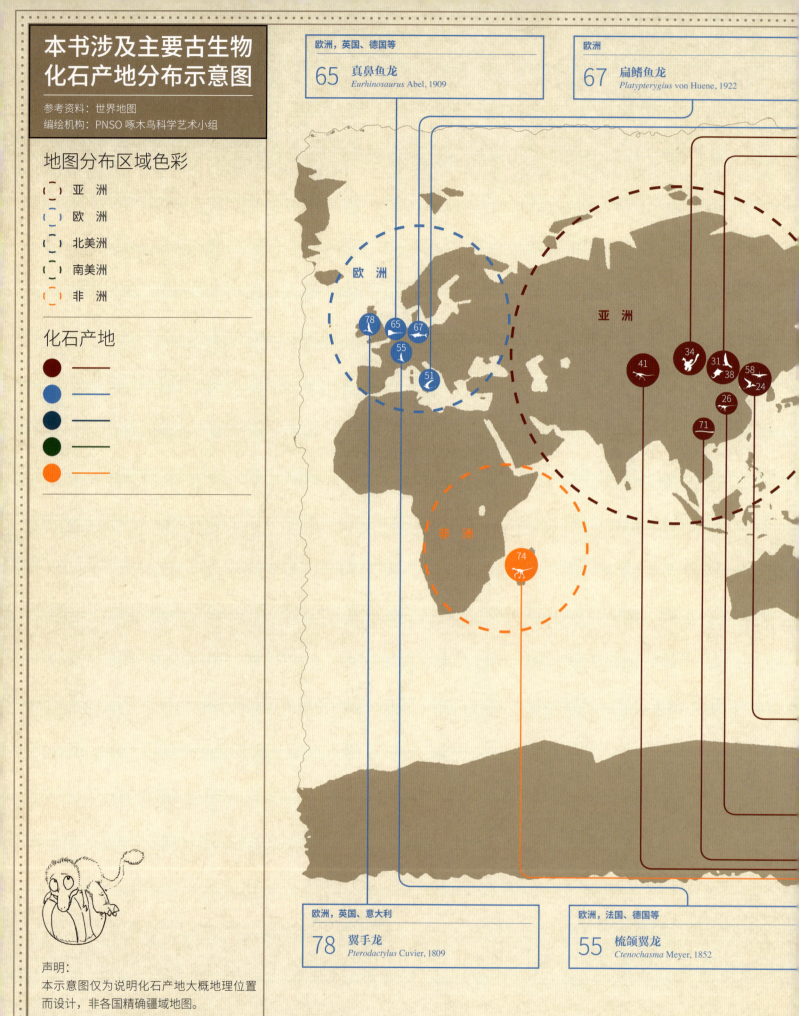

# 本书涉及主要古生物化石产地分布示意图

参考资料：世界地图
编绘机构：PNSO 啄木鸟科学艺术小组

## 地图分布区域色彩

- 亚 洲
- 欧 洲
- 北美洲
- 南美洲
- 非 洲

## 化石产地

**欧洲，英国、德国等**
65 真鼻鱼龙
*Eurhinosaurus* Abel, 1909

**欧洲**
67 扁鳍鱼龙
*Platypterygius* von Huene, 1922

欧 洲

亚 洲

非 洲

**欧洲，英国、意大利**
78 翼手龙
*Pterodactylus* Cuvier, 1809

**欧洲，法国、德国等**
55 梳颌翼龙
*Ctenochasma* Meyer, 1852

声明：
本示意图仅为说明化石产地大概地理位置而设计，非各国精确疆域地图。

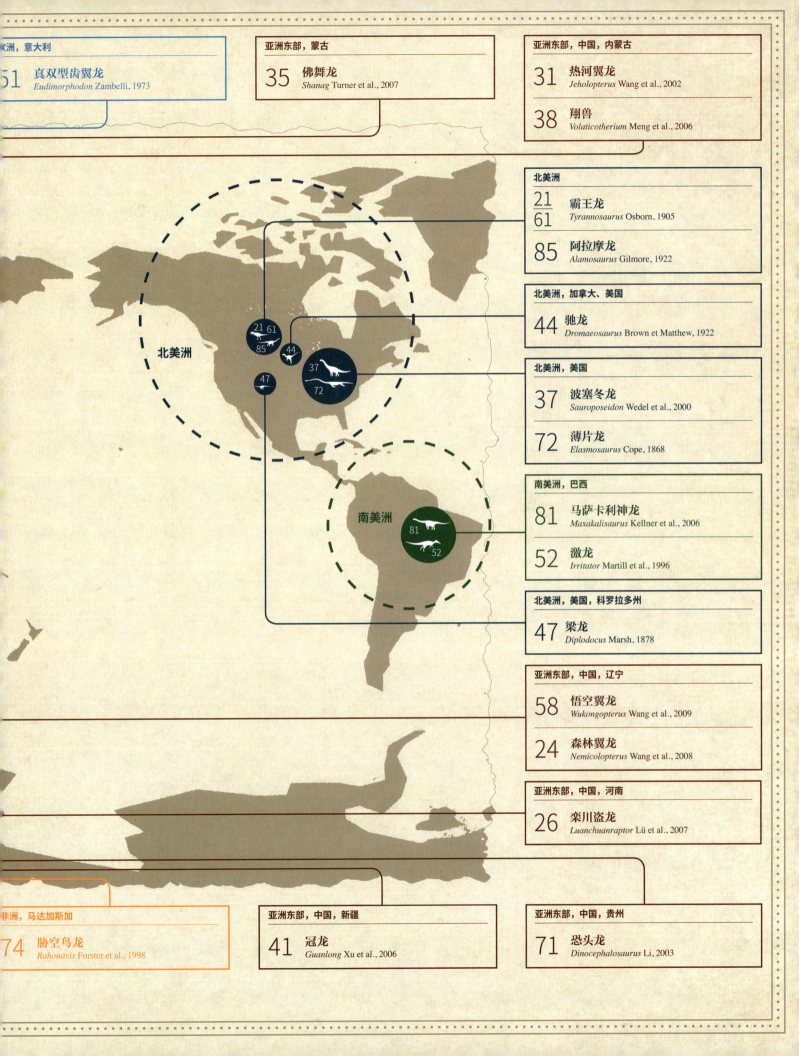

真双型齿翼龙
*Eudimorphodon* Zambelli, 1973

亚洲东部，蒙古
35 佛舞龙
*Shanag* Turner et al., 2007

亚洲东部，中国，内蒙古
31 热河翼龙
*Jeholopterus* Wang et al., 2002

38 翔兽
*Volaticotherium* Meng et al., 2006

北美洲
21
61 霸王龙
*Tyrannosaurus* Osborn, 1905

85 阿拉摩龙
*Alamosaurus* Gilmore, 1922

北美洲，加拿大、美国
44 驰龙
*Dromaeosaurus* Brown et Matthew, 1922

北美洲，美国
37 波塞冬龙
*Sauroposeidon* Wedel et al., 2000

72 薄片龙
*Elasmosaurus* Cope, 1868

北美洲
北美洲

南美洲，巴西
81 马萨卡利神龙
*Maxakalisaurus* Kellner et al., 2006

52 激龙
*Irritator* Martill et al., 1996

南美洲

北美洲，美国，科罗拉多州
47 梁龙
*Diplodocus* Marsh, 1878

亚洲东部，中国，辽宁
58 悟空翼龙
*Wukongopterus* Wang et al., 2009

24 森林翼龙
*Nemicolopterus* Wang et al., 2008

亚洲东部，中国，河南
26 栾川盗龙
*Luanchuanraptor* Lü et al., 2007

非洲，马达加斯加
74 胁空鸟龙
*Rahonavis* Forster et al., 1998

亚洲东部，中国，新疆
41 冠龙
*Guanlong* Xu et al., 2006

亚洲东部，中国，贵州
71 恐头龙
*Dinocephalosaurus* Li, 2003

# 本书涉及主要古生物地层年代示意图

参考资料：国际地层年代表（2014）
资料来源：国际地质科学联合会（IUGS）
编绘机构：PNSO 啄木鸟科学艺术小组

## 中生代地质年代

- 早三叠世
- 中三叠世
- 晚三叠世
- 早侏罗世
- 中侏罗世
- 晚侏罗世
- 早白垩世
- 晚白垩世

### 晚侏罗世
梳颌翼龙
*Ctenochasma* Meyer, 1852
距今 1 亿 5000 万年至 1 亿 4500 万年

### 早白垩世
悟空翼龙
*Wukongopterus* Wang et al., 2009
距今 1 亿 2500 万年至 1 亿 2000 万年

### 晚侏罗世
热河翼龙
*Jeholopterus* Wang et al., 2002
距今 1 亿 6000 万年至 1 亿 5000 万年

### 早白垩世
扁鳍鱼龙
*Platypterygius* von Huene, 1922
距今约 1 亿 3000 万年

### 晚侏罗世
冠龙
*Guanlong* Xu et al., 2006
距今 1 亿 6000 万年

### 晚侏罗世至早白垩世
翼手龙
*Pterodactylus* Cuvier, 1809
距今 1 亿 5000 万年至 1 亿 4200 万年

### 中三叠世
恐头龙
*Dinocephalosaurus* Li, 2003
距今约 2 亿 2800 万年

### 晚侏罗世
梁龙
*Diplodocus* Marsh, 1878
距今 1 亿 5400 万年至 1 亿 5000 万年

### 晚三叠世
真双型齿翼龙
*Eudimorphodon* Zambelli, 1973
距今 2 亿 1000 万年至 2 亿 300 万年

### 晚三叠世至早侏罗世
真鼻鱼龙
*Eurhinosaurus* Abel, 1909
距今约 2 亿年至 1 亿 8000 万年

| 距今年代 | 252.17 | ~247.2 | ~237 | | 201.3 | | 174.1 |
|---|---|---|---|---|---|---|---|
| （百万年） | ±0.06 | | | | ±0.2 | | ±1.0 |
| 世 | 早三叠世 | 中三叠世 | 晚三叠世 | | 早侏罗世 | | 中侏罗世 |
| 纪 | | | 三叠纪 | | | 侏罗纪 | |
| 代 | | | | | | | |
| 宙 | | | | | | | |

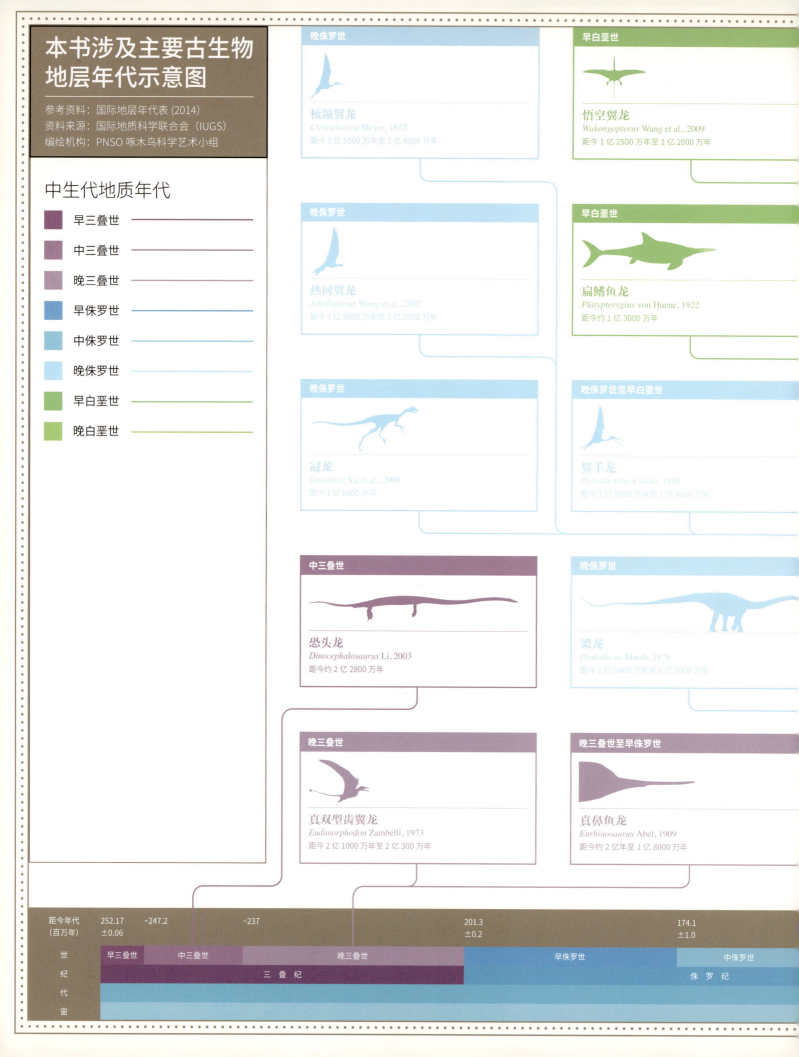

森林翼龙
*Nemicolopterus* Wang et al., 2008
距今 1 亿 2500 万年至 1 亿 2000 万年

翔兽
*Volaticotherium* Meng et al., 2006
距今约 1 亿 2500 万年

栾川盗龙
*Luanchuanraptor* Lü et al., 2007
距今 8000 万年

晚白垩世

佛舞龙
*Shanag* Turner et al., 2007
距今 1 亿 3000 万年

激龙
*Irritator* Martill et al., 1996
距今 1 亿 1200 万年至 1 亿年

驰龙
*Dromaeosaurus* Brown et Matthew, 1922
距今 7600 万年至 7200 万年

早白垩世

晚白垩世

晚白垩世

波塞冬龙
*Sauroposeidon* Wedel et al., 2000
距今约 1 亿 3000 万年

薄片龙
*Elasmosaurus* Cope, 1868
距今 8000 万年至 7000 万年

马萨卡利神龙
*Maxakalisaurus* Kellner et al., 2006
距今约 8000 万年

晚白垩世

晚白垩世

胁空鸟龙
*Rahonavis* Forster et al., 1998
距今 7000 万年至 6600 万年

阿拉摩龙
*Alamosaurus* Gilmore, 1922
距今 6900 万年

晚白垩世

霸王龙
*Tyrannosaurus* Osborn, 1905
距今约 6800 万年到 6600 万年

~145.0　　　　　　　　　　　　100.5　　　　　　　　　　　　66.0

侏罗世　　　　　　早白垩世　　　　　　晚白垩世

白 垩 纪

中 生 代

显 生 宙

# 崇尚秩序的霸王龙安格

秩序对于任何事物的发展都起着极为关键的作用。很难想象在一个高度发达的社会，缺少应有的秩序会发生什么样的状况。这个道理，在恐龙时代就已经被地球上的居民熟知了！

6700 万年前，今天的美国怀俄明州。

一个炙热的午后，燥热的空气像是凝结成了一个硕大的气泡一般，笼罩在头顶。天空仿若一块刚刚浆洗过的帆布，沉重地掀不起任何一丝涟漪。干涸的大地偶然才能见到一些发黄的植物，倒是附近的一棵罗汉松不知道为什么会在这少雨的季节有如此旺盛的生命力。

在靠近地面的空气中飘浮着一丝香气，它像一位羞涩的少女，在纷繁复杂的环境中寻找着自己的位置。这些香气来自干枯的树干旁边那些娇艳的花朵，它们才刚刚来到这个世界，似乎还不懂得生存的规则，不过，残酷的现实马上就会让它们成熟起来。

这时候的世界已然成为恐龙的天下，因为他们自身变得越来越强大，后代的成活率就越来越高，随之而来的是他们的数量越来越庞大。有一阵子，各个族群的国王一度担心数量庞杂的恐龙会打破已有的平静，导致社会紊乱。这个问题至关重要，它不仅关系到国王王位的稳定，更关系到整个物种的生存。可是，情况并不像他们预计的那样麻烦。恐龙越来越多，可生存依旧井然有序。没有谁试图去破坏这种平衡，偶尔有一些大胆的实验家，也已经将自己的身体变成了别人的食物。

大家尽力保持着这种平静，即使偶尔面临食物匮乏，他们也不想轻易打破已有的格局，就像现在。这并不是教条，在特定的时候，遵

守规则比贸然地创新对生存更有利。

　　干燥和炎热带走了大量的食物，虽然已过正午，可大家还都饥肠辘辘。不过，令人惊讶的是，大地上并没有爆发混乱的血腥战争，他们个个都异常平静，没有因为饥饿而忘记了生存的原则。

　　饥肠辘辘的霸王龙安格绕过了那只笨重而憨厚的甲龙亚瑟，虽然他有着可以洞穿骨头的巨大牙齿和锋利的爪子，可是亚瑟却长着对付这些牙齿的坚硬骨片。在这样的情况下，越是饥饿，越是无力，安格越是知道自己不能轻易去冒险。他宁愿去更远的地方寻找合适的食物，以维持自己的生命。

　　副栉龙布兰特出现在花丛周围，他尽量不去打搅正准备吃掉那些花的冥河龙奥斯汀，还有正在觅食的开角龙比尔。虽然具有咀嚼能力的他可能更适合吃那些鲜艳的花朵，但是其他恐龙头顶上那些可怕的角和骨块，给了布兰特最好的警告。

　　布兰特向远处望去，他看到了那棵茂盛的罗汉松，虽然这并不是他最喜欢的食物，可是在这个炙热的午后，这却是最适合的食物……

　　这就是他们各自遵守的秩序，看似简单，却体现着他们的生存智慧。

**安格家族档案**
中文名称：霸王龙
学名：*Tyrannosaurus*
种类：暴龙类
体型：体长约13米，高4米，重6.8吨
食性：肉食
生存年代：晚白垩世，距今6800万年至6600万年
化石产地：北美洲

# 森林翼龙小小的美好清晨

恐龙时代也不都是些大家伙，飞翔在天空中的翼龙有的还没有一片叶子大。这些家伙虽然小，可复杂的活动一样都不少，他们也会积极开展捕食活动，而不是只等着吃大家伙吃剩的食物，而且他们捕食的过程相当精彩。

1 亿 2200 万年前，今天的中国东北。

清晨的阳光穿过凌乱的树枝洒向翠绿的银杏叶，挂满露珠的银杏叶在阳光下犹如嵌满钻石的翡翠一般，娇艳欲滴。

翼展只有 25 厘米的森林翼龙小小衔着一只瓢虫开心地停在一片银杏叶下面，一边躲避着清晨的阳光，一边准备好好享用这顿早餐。

他并不像大部分翼龙一样生活在大海和湖泊边，以鱼为生，他更喜欢茂密的森林和那些可爱的小虫子。

嘴巴里的那只瓢虫已经不再挣扎了，小小果断地将它吞到了肚子里，美好的清晨一定会为他的一天带来好运，他高兴地想！

---

**小小家族档案**

学名：*Nemicolopterus*
中文名称：森林翼龙
种类：翼手龙类
体型：体长约 9 厘米，翼展约 25 厘米
食性：肉食
生存年代：早白垩世，距今 1 亿 2500 万年至 1 亿 2000 万年
化石产地：亚洲东部，中国，辽宁

# 栾川盗龙阿洛惊心动魄的战斗

即使是一个并不起眼的猎物，有时候也并不那么容易到手。不是他的反抗能力太强，而是有太多的猎人在盯着他。如果不全力以赴，等待着猎手的就只有饥饿了！

不过谁都不要抱怨什么，这就是生存！

8000 万年前，今天的中国河南。

太阳沉沉的几乎要坠到了地下，天空变得灰暗起来，黛青色笼罩着整片森林，看上去安静极了！

不过，栾川盗龙阿洛的心情可没这么好，这一整天，他的运气似乎都不是很好，竟然连一只猎物都没能抓到。

饥肠辘辘再加上闷热的天气，让阿洛看起来不再那么友善，他佝偻着因为无力而有点弯曲的身子，露出凶狠的目光，紧紧地盯着周围。

忽然，在阿洛左边的蕨类植物中传来了一阵"沙沙"声，这声音在寂静的丛林中显得格外清脆。

压根不用去看，单凭经验，阿洛就知道在那里一定有一只或几只蜥蜴在活动，他屏住了呼吸，准备下一步的行动。

这可真是很少见的情况。

通常这里出没的蜥蜴体型都不大，平日里，阿洛并不喜欢把自己的力气耗费在这种小家伙身上。可现在，饿了一整天的阿洛哪里还有挑食的心思，哪怕就是一只小小的蜥蜴，对现在的阿洛来说都是一顿盛宴。

　　阿洛紧紧地盯着声音传来的地方，果然如他所料，一只褐色的小蜥蜴不紧不慢地从晃动的树丛中探出了脑袋。

　　小蜥蜴扭动着身体，想要在入睡之前惬意地感受一下黄昏的余温，他并不知道巨大的危险正在迅速地向他靠近。

　　小蜥蜴完全钻出了树丛，他睁着圆溜溜的眼睛，打量着这片安静的丛林。

　　"呵呵，只有这时候才是我的世界，那些大家伙们都吃饱喝足睡觉去了！"小蜥蜴兴奋地自言自语，他真渴望这样自由的生活。

　　可就在这时，满身长满绒毛的阿洛拖着长长的尾巴，一个健步就跳到了小蜥蜴身边。

　　小蜥蜴还没反应过来从头顶笼罩下来的黑影是什么，阿洛就已经抬起了右脚，准确无误地朝小蜥蜴踏去。

　　他并不想把蜥蜴踩死，这不是他捕获猎物的一贯招数。

　　阿洛的右脚在空中停留了刹那，然后迅速向前一倾，脚上那个骄傲地挺立着的镰刀一般的脚趾，准确无误地刺入了蜥蜴的身体里。

　　这只锋利的脚趾是阿洛的撒手锏，即使他现在已经饥肠辘辘，这把匕首的威力依然不减。

　　突如其来的袭击几乎夺去了蜥蜴的性命，他的眼睛比刚才睁得还大。他多想让时光倒流，他可以放弃这样自由的生活，躲在叶子下，躲在丛林中，只要让他活着就好。可是他的伤

口越来越疼，他的意识也在一点点丧失，他知道自己坚持不了多久了！

小蜥蜴还在做着最后的挣扎，这恐怕是他为自己的生命所做的最后一件事情了。可是已经饿极了的阿洛并不想施舍一点自己的同情心，对于他来说，这只蜥蜴简直太重要了。如果他今天晚上不能吃到晚饭，他的力量就会大大削弱，那么他被更强大的敌人攻击的概率就会增加。说不定，放过这只蜥蜴给他带来的是灭顶之灾。

于是，阿洛低下大大的脑袋，一口咬住了蜥蜴的脖子。现在蜥蜴就在他的眼前挣扎，他看到了蜥蜴痛苦的神情，可他的内心却一点怜悯都没有。

他记得自己刚刚学会捕食的时候，总是不忍下手，因为他听到那些惨烈的叫声或看到那些无辜的眼神，心里便会觉得不舒服。可是现在，他已经习惯了！

阿洛晃了晃脑袋，赶走了脑子里那些乱七八糟的想法，他要好好享用这顿并不丰盛的晚餐。

可是，意外来了。就在他准备一口把这个小家伙吞到肚子里的时候，他的世界仿佛一下子进入了漆黑的夜晚，一点光线都没有了。

阿洛好奇地想要抬头看看发生了什么事情，可是当他抬起头来的时候，迎接他的不是广阔的天空，而是数张坚硬的嘴。

那些嘴像疯了似的在他的脸上一顿乱啄，巨大的疼痛向阿洛袭来，他猛叫一声，嘴巴里的蜥蜴也掉在了地上。

而那些黑影随即停止了对阿洛的攻击，直奔那只小小的蜥蜴尸体。原来他们真正的目标不是阿洛，而是那只蜥蜴。

阿洛定睛一看，那些黑影正是翱翔天空的翼龙。

他不知道，就在他向蜥蜴发起攻击的时候，这群翼龙早已经把目标锁定在了他身上。

没等阿洛反应过来，一只翼龙已经迅速叼起了蜥蜴。他盯着对面的一棵树，看来，他打算把抢来的食物运到树上去。

翼龙展开翅膀，准备一跃而起。

可是阿洛怎么肯轻易让他把自己的食物抢走，刚才的那点疼痛对他来说根本算不了什么,他抖擞精神,几乎没有犹豫,咆哮着向这群翼龙冲了过去,愤怒的声音在树丛中回荡。

翼龙们被这声吼叫吓得四散而逃,迅速展开翅膀向天空蹿去,他们清楚地知道被阿洛抓到的后果。

看来在陆地上,他们从来都不是阿洛的对手,这次又失败了。

蜥蜴被翼龙从嘴巴里吐了出来,阿洛重新叼了起来,他没想到一只这么不起眼的猎物居然让他这么大动干戈。

可是,让阿洛更加想不到的还在后面,另一只不知道从哪里窜出来的栾川盗龙居然也虎视眈眈地盯上了他的战利品。

看来,为了一只小蜥蜴,阿洛要度过一个不眠夜了……

**阿洛家族档案**
学名:*Luanchuanraptor*
中文名称:栾川盗龙
种类:驰龙类
体型:体长 2.6 米,高约 0.8 米,体重约 30 千克
食性:肉食
生存年代:晚白垩世,距今 8000 万年
化石产地:亚洲东部,中国,河南

# 热河翼龙伊凡的早餐

真正的强大完全不是只有在激烈的战斗中才能表现出来，即使是在一个普通、平静的早晨，伊凡同样能诠释强大的含义。

1亿5500万年前，今天的中国内蒙古。

清晨的雾气在渐渐上升的温热的气流中一点一点地散去，空气中还残留着星星点点的湿润的味道。柔和的阳光透过茂密的枝叶，在大地上投射出斑驳的影子。啾啾啾——清脆的虫鸣声叫醒了睡梦中的热河翼龙伊凡。

时间尚早，丛林里大部分的动物都还在酣睡，不过，伊凡已经决定去捕食了！

在这个生存决定一切的社会里，是否有足够丰盛的食物，往往比能在战争中取得胜利更为重要。因为战争只是偶然的突发状况，而饥饿却是天天都要面对的问题。当然，除了填饱肚子，如果你想要获得一个令同伴尊敬、令敌人恐惧的社会地位，你也必须让自己很容易就能捕到食物，并且数量足够充裕。你见过哪个族群的统治者是瘦骨嶙峋的？

伊凡深知这个道理，而他最大的愿望就是做统治者的继任者，当然，他知道这并不容易。

这是新一天的早餐，伊凡平心静气，希望能为自己的一天开个好头。

他站在树杈上向四周环顾，忽然，就在那一潭平静的水

面上，一株诱人的中华古果忽然微微颤了一下。

这是来到这个世界上的第一朵花，她妖娆的身段、迷人的香气，总是能吸引漂亮的蝴蝶停靠在她的枝头。

虽然中华古果只是轻盈地扭动了一下腰肢，不过，还是没能逃过伊凡敏锐的眼睛。

那只蝴蝶看上去丰满极了，她漂亮的翅膀下掩藏着一个胖乎乎的身体。

伊凡锁定了猎物，只见他绷紧全身的肌肉，然后，就像刀锋划过空气一般，张开自己漂亮的翼展向蝴蝶扑去。那连接着第 V 脚趾的翼展就像绚丽的滑翔伞一样，平稳而快速地带动着伊凡起飞。

那完全就像是经过了最缜密的计算，伊凡准确无误地就将停落在中华古果上的蝴蝶吞到了肚子里。

当伊凡再次展翅高飞时，让我们定格这一瞬间，他漂亮的翼展迎着太阳，散发出无尽的光芒。

每到这时，伊凡都觉得自己是最优秀的！

当然，他应该感到自豪！不是为了这次捕食而自豪，而是为了千万次在这样捕食过程中的历练。

从 1 到 1000，再到 10000，100000，无尽的锤炼，他终将成为族群的王！

---

**伊凡家族档案**

学名：*Jeholopterus*
中文名称：热河翼龙
种类：非翼手龙类
体型：翼展约 90 厘米
食性：肉食
生存年代：晚侏罗世，距今 1 亿 6000 万年至 1 亿 5000 万年
化石产地：亚洲东部，中国，内蒙古

# 勤奋的佛舞龙劳伦

不管他多么渺小，也不管他在生物链中的地位多么卑微，但在自己的家族中，所有成员的尊敬与崇拜依然让他成了一个威严的王。

1 亿 3000 万年前，今天的蒙古。

佛舞龙劳伦的身材比一只乌鸦大不了多少，以更为弱小的蜥蜴和昆虫为食。

在强手如林的恐龙家族中，佛舞龙的生存空间变得非常狭小，就连在恐龙时代毫无出息的哺乳类动物，也不会把他们放在眼里。

因此，劳伦的日子并不好过。

不过，劳伦并没有因此放弃自己，他无法改变自己的身材，但是他可以改变自己的命运。

他是一只非常勤奋的恐龙，严格地按照蜥蜴的生活习性安排自己的觅食时间。虽然早出晚归对于劳伦来说基本上是家常便饭，但是，他却给整个族群带来了安逸的生活。

族群的成员个个都对劳伦充满了敬重，他成为佛舞龙家族中名副其实的王。

有时候，在生活中占据有利的位置并不只依靠优越的先天条件，勤奋和努力也会让你赢得应有的尊重。

---

**劳伦家族档案**
学名：*Shanag*
中文名称：佛舞龙
种类：驰龙类
体型：体长约 1.5 米
食性：肉食
生存年代：早白垩世，距今 1 亿 3000 万年
化石产地：亚洲东部，蒙古

# 高高在上的波塞冬龙霍德

波塞冬龙霍德可真要感谢自己长长的脖子，因为有了它，他才能吃到树顶上那些谁都吃不到的东西。可是在他还没长大的时候，他曾经不住地因为这条长脖子而抱怨，因为其他恐龙总是拿这个笑话他。可现在，该轮到他偷笑了！

1亿3000万年前，今天的美国。

"艾伦，我的肚子好饿！"

"梅丽尔，我想，我们还得忍忍！"

"艾伦，我也饿坏了，难道我们不能再想想别的办法吗？"

"琳达，你瞧，地面干枯得都裂开了缝，哪里还有植物会长在这种地方！"

三只弯龙站在一棵高大的雪松下，他们焦急地等待着长脖子的波塞冬龙霍德在啃食树顶上的树叶时能洒落下几片，来填一填他们的肚子。

这是一个异常干旱的季节，植物不再勤劳地向外吐露新芽。

因为群居在这里的植食性恐龙非常多，地面上的蕨类以及灌木丛几乎都被他们吃光了。光秃秃的大地上只剩下了干枯的树根以及干涸的土地。倒是那些高高的树顶上还有许多失去光泽的绿叶，虽然它们没什么水分，但是在这样的季节里却是难得的美食。

不过，这美食似乎和弯龙艾伦、梅丽尔、琳达没什么关系，即使他们把脖子伸得长长的，把头抬得高高的，他们还是只能趴在掉了皮的树干上，离那些叶子还有好远好远的距离。

现在，他们不得不围绕在波塞冬龙霍德身旁，等待着他的施舍。虽然他们并不想放下自己的尊严，可是在饥饿面前，一切都显得不那么重要了。

而此时的霍德正高高在上，心满意足地吃着只属于他的食物。要不要把这些食物拿出来与别人分享，霍德并没有想好，他还要好好享受一下这种被崇拜与被需要的感觉。

**霍德家族档案**
学名：*Sauroposeidon*
中文名称：波塞冬龙
种类：蜥脚类
体型：高约17米
食性：植食
生存年代：早白垩世，距今约1亿3000万年
化石产地：北美洲，美国

# 翔兽多多的幸福滑翔生活

翔兽多多迈出的一小步，是生命进化史上的一大步！

1亿2500万年前，今天的中国内蒙古。

森林已经结束了白天的喧闹，重新恢复平静，而翔兽多多和同伴却要开始一天的生活。

柔和的月光映射在他们有些躁动不安的身上，为寂静的夜平添了一丝活力。

在酷热的白天睡了一整天，多多和同伴现在都饿坏了。趁着那些在白天抢夺食物的家伙们完全没了力气，他们终于迎来了属于自己的时间！

在恐龙统治天下的时期，多多这样的哺乳动物是非常低调的。这并不是出于他们的个性，只是因为他们的体型实在太小了，完全不能和恐龙抗衡，所以只好利用恐龙睡觉的时间进行捕猎。

天色已经完全黑了下来，只有月光洒到的地方，在浓墨一般的黑暗中透出冰冷的蓝色调。多多和同伴在银杏树上焦躁地等待着，他们跟随着月光的轨迹，四下寻找自己想要见到的身影。

忽然，在不远处的银杏叶中传来一阵细微的骚动，多多几乎没有犹豫，张开翼展循声飞去。

他的身体忽然在浓稠的黑暗中切出了一个毛茸茸的方形空洞，而在空洞后面还有一条粗大的尾巴在天空中划出优美的弧线。

没用多久，多多便用锋利的牙齿解决了一只鸣叫的蝉。不过，这可不是捕食的结束，对于饿了一天的多多来说只是刚刚开始……

　　或许你没见过多多这样的捕食方式。的确，对于之前的哺乳动物来说，如果他们看上了对面树干上的虫子，就必须先从这边的树干上溜下去，然后再气喘吁吁地爬到对面的树干上。

　　可是多多却不一样，他只要轻轻张开那一对毛茸茸的翼展，悠然地滑翔到对面，然后从容不迫地把那只虫子吞到肚子里就可以了。

　　你不知道，多多这看似不起眼的进步，却是生命进化史上的一大奇迹。

　　因为这是在 1 亿 2500 万年前，在鸟类的祖先还在努力地探索飞翔技巧的时候，作为哺乳动物的翔兽多多，居然抢先一步，成功地飞了起来，虽然他的飞翔仅仅达到滑翔的程度。可是，这对多多来说已经是一个创举了！这让他能够捕食更多的食物，同时，也能更加有效地逃避敌人的猎捕。对生活在恐龙阴影之下的哺乳动物来说，这是多么引以为傲的本领啊。

---

**多多家族档案**

学名：*Volaticotherium*
中文名称：翔兽
种类：哺乳动物
体型：体重约 70 克
食性：昆虫
生存年代：早白垩世，距今约 1 亿 2500 万年
化石产地：亚洲东部，中国，内蒙古

# 从不抱怨的冠龙埃拉

即使是完成一件看上去把握十足的事情，都不能掉以轻心。就比如强者对弱者的猎杀，有时候也会让强者沦为猎物。这并非耸人听闻，你瞧，身处侏罗纪食物链顶端的肉食恐龙，也时常会遇到这样的事情。

1亿6000万年前，今天的新疆准噶尔盆地。

五彩冠龙基诺正在不停地向他的同伴抱怨。

基诺烦躁地在地上走来走去，嘴里不停地唠叨："生活不应该这样对待我们，今天，昨天，甚至是前天，我们一无所获。可是我们才是这一带的统治者，那些该死的家伙就应该乖乖地来我们面前，可他们现在都躲到哪里去了！"

基诺一边走一边说，唾沫横飞，连脸上的肌肉都有些扭曲了。

"可是，你这样根本解决不了任何问题！生活没有义务对我们仁慈，何况你还在不停地向它抱怨！"一旁的冠龙埃拉有些无奈地说道，他正盯着基诺头上那个颜色绚丽的冠状脊仔细打量着，那上面鲜艳的颜色分明标志着他正值精力旺盛的青春期。

基诺是他的朋友，他本不应该说什么的，更何况他们现在都饱受饥饿的折磨。可他就是看不惯基诺那副样子，他想如果自己是个女孩，肯定不会让基诺来做自己的爱人。

埃拉从不抱怨生活，即使他在生活中遇到很大的挫折。因为他知道这就像买一赠一，谁的生活中都会有一些不如意的地方。事实上，他们作为这一带的统治者，已经享受到很多别的恐龙不可能得到的东西，所以他们更应该感恩才是！

基诺还在不停地唠叨，可是埃拉已经起身出发了。他要为自己的生活争夺主动权，虽然在前两天的攻击中，他失败了！

埃拉发现了一只泥潭龙，他正在森林中奔跑。这真是个不错的机会，因为泥潭龙的身型够小，正适合体力已经不多的他们。

埃拉没有丝毫犹豫，向泥潭龙追去。而刚才还在一旁抱怨的基诺也安静下来，准备去追赶这只难得的猎物。

于是，在森林中，基诺和埃拉与一只泥潭龙展开了一场追逐战。与人们印象里的巨型恐龙不同，这几只都是身材娇小的速度型选手。被追赶的泥潭龙身长不足1米，身被羽毛，拥有小小的前肢以及修长有力的后腿，这样轻盈的身材配合他开阔的视野能让他疾走如飞。而对他穷追不舍的埃拉和基诺的身长也只有2米。

埃拉追赶着泥潭龙穿过整个开阔地，基诺紧随其后，他们与两只巨大的马门溪龙擦"足"而过，一路奔向对面的湿地。

可是，埃拉突然停了下来，紧随其后的基诺差一点就撞了上去。

"你干吗突然停下来啊？"不明白状况的基诺愤怒地吼叫起来。

埃拉指指前方，基诺这才发现，他们的猎物——那只泥潭龙正深陷沼泽无法自拔。

虽然基诺的脸上写着一百个不乐意，可他也必须停下脚步，他清楚这意味着什么：如果这时候还对猎物执迷不悟，自己将会和猎物遭到同样的命运，共同成为大地的食物。

埃拉一点都没有不高兴，相反他看着可怜的泥潭龙，庆幸是他救了自己一命。他总是这样心怀感恩。

---

**埃拉家族档案**

学名：*Guanlong*
中文名称：冠龙
种类：暴龙类
体型：体长约2米
食性：肉食
生存年代：晚侏罗世，距今1亿6000万年
化石产地：亚洲东部，中国，新疆

# 初试身手的驰龙邦妮

作为自己捕获的第一餐，一只漂亮的蝴蝶对小驰龙邦妮来说已经足够了。

7500 万年前，今天的北美洲。

小驰龙邦妮不是个娇生惯养的家伙，只是她有些羞涩，还有点儿胆小罢了！

在邦妮还很小的时候，邦妮的妈妈就已经传授了她全套的捕食本领。不过，她至今一次都没有用过。她真的不知道自己是不是能够将那些可怕的猎物抓到自己的手里，虽然她有着锋利的镰刀状的爪子，以及那些可怕的牙齿。

邦妮总是想着各种各样的理由让妈妈帮她去捕猎，她不知道自己什么时候才能真正地鼓起勇气。

可是邦妮的妈妈想要邦妮尽快成熟起来，她知道丛林生活的艰难。如果有一天，她遇到了可怕的敌人，那她就再也没有机会为邦妮捕猎了，她必须要让邦妮学会自己照顾自己。

在随后的某一天早晨，邦妮的妈妈趁着邦妮还在熟睡时离开了她，她没有告诉邦妮自己要去哪里。

邦妮第一次开始了独自生活的日子。

她待在妈妈筑好的窝里，不敢出去，更不敢去捕食。

就这样，邦妮坚持了 5 天。

躲在不远处的妈妈心急如焚，有好几次，她都想回到邦妮的身边，但她都忍住了。

一直到第 6 天的时候，邦妮终于走了出来。

巨大的饥饿感让她选择了新的生活。

她开始不断回忆妈妈教授给她的捕食技巧，并不停地观察着周围的情况。

忽然，一只漂亮的蝴蝶飞到了邦妮眼前，她张开自己带有羽毛的前肢，轻盈地飞了起来。她锋利的牙齿在阳光的照射下闪耀着恐怖的光芒，而那只可怜的蝴蝶，径直飞到了她的嘴巴里！

原来，捕食猎物才是自己的天性！

这是邦妮生命中真正的第一餐，邦妮的妈妈露出了欣慰的笑容！

---

**邦妮家族档案**

学名：*Dromaeosaurus*
中文名称：驰龙
种类：驰龙类
体型：体长 1.8 米，高 0.6 米，体重约 15 千克
食性：肉食
生存年代：晚白垩世，距今 7600 万年至 7200 万年
化石产地：北美洲，加拿大、美国

# 和蛙嘴龙和谐共生的梁龙特里

共生是生物界最常见的一种生存关系，数亿年来，绝大部分的动物和植物们都很好地利用这种关系，共同维持着生态的平衡。

1 亿 5000 万年前，今天的北美洲。

作为有史以来地球陆地上出现过的最庞大的动物之一，梁龙特里看上去实在不需要谁的帮忙。就连当时最凶猛的异特龙都会对他敬而远之，当然，谁会去招惹这个直立起来几乎有十层楼那么高的怪兽呢！

所以，在特里的生活中几乎不存在敌人，也不存在危险。如果非要说一种可以威胁到他生命的敌人的话，那一定是食物。因为身型巨大的特里需要一刻不停地进食才能够为身体提供足够的能量，因此一旦出现食物匮乏，对他的打击是致命的。

可是现在，这些担忧完全都不存在。

温暖的阳光正透过微小的枝叶缝隙照到特里的身上，温暖极了。

森林里异常宁静，偶尔还能听到树叶翻飞的声音。空气中挤满了新长出的南洋杉新鲜而青涩的味道。

特里惬意地踩在这温暖的阳光中，大口大口地咀嚼新鲜的南洋杉的叶子。看上去，他的胃口和心情都不错。

食物真是太充足了，一些来不及进入特里嘴巴里的嫩叶像羽毛般轻轻地飘落在地上。不一会儿，它们就在特里的脚边堆成了一座小山。

可是，美好的时光总是很短暂。特里还没填饱肚子，几只吸血昆虫却不合时宜地飞了过来。

就连肉食恐龙都不敢招惹的特里，却是这些小不点儿的美食，这

真难以想象。

吸血昆虫遇到这么丰盛的食物真是兴奋极了，它们嗡嗡嗡地飞来飞去，想吃这儿又想吃那儿。

特里的雅兴突然被这些小不点儿乱哄哄的声音搅乱了，他烦透了。关键是，它们还在他的身上叮来叮去，让他又疼又痒。特里用力地甩了甩尾巴和脑袋，想把那些讨厌的家伙赶走，可这完全是徒劳的，那些小家伙因为特里的反抗更加兴奋了。

这个时时、处处都很强大的特里，现在却真不知道要怎么办才好。唉，生活就是这样，常常会因为一些小事而让自己感到绝望。

正在特里非常沮丧的时候，空中忽然飞来一只毛茸茸的漂亮的小家伙。特里的心情一下子又兴奋起来。这是一只娇小的蛙嘴龙，他正在以一个快速而优美的姿势朝特里俯冲下来。特里只感觉到一阵风从头顶掠过，然后便看到蛙嘴龙停留在距离他的眼睛大约半米的地方。特里终于安静下来，他知道为他解决烦恼的家伙出现了。

果然，那些正吃得津津有味的昆虫看到蛙嘴龙后吓得四散而逃，不过聪明的蛙嘴龙可没都让它们跑掉，他轻松地抓了很多只，美美地饱餐了一顿。

蛙嘴龙总是喜欢围绕在像梁龙这样的庞然大物周围，因为他们是那些吸血昆虫最好的目标，而那些昆虫又是蛙嘴龙最好的食物。仅一只梁龙就能够轻松地为蛙嘴龙吸引足够美餐几顿的昆虫。

生活于1亿5000万年前晚侏罗世北美洲西部的蛙嘴龙与梁龙，就是一种互利共生的关系，他们各取所需，各自从中受益，就这样和谐地生活着。

**特里家族档案**

学名：*Diplodocus*
中文名称：梁龙
种类：蜥脚类
体型：体长 25~35 米，高 4~5 米，体重 10~16 吨
食性：植食
生存年代：晚侏罗世，距今约 1 亿 5400 万年至 1 亿 5000 万年
化石产地：北美洲，美国，科罗拉多州

# 真双型齿翼龙蒂妮的另类牙齿

为了能够更容易获取食物，很多动物的牙齿、脖子以及身体上的其他部位都发生了不同程度的演化，真双型齿翼龙就是其中很典型的代表。

看来，对于动物们来说，生存的需要压倒一切。

2 亿 1000 万年前，今天的欧洲西部。

和家族中的其他同类相比，真双型齿翼龙是个异类，这源自他们奇特的牙齿。

就拿真双型齿翼龙蒂妮来说，她的嘴巴里有两种牙齿，一种是位于嘴巴前部的粗大锋利的牙齿，还有一种是位于嘴巴后部的小尖牙。你可别小瞧这种尖牙，在每一颗尖牙上都有锋利的牙尖，有一些牙齿的牙尖甚至达到了 5 个。

这样的牙齿结构在爬行动物中并不常见，在她的家族以后，整个翼龙目家族中都没有发现过，这就说明这种特化的牙齿结构极有可能仅仅存在于真双型齿翼龙的身上，并且它只是为了真双型齿翼龙更好地捕食而演化出来的。

那么，蒂妮爱吃什么呢？

她最爱吃那些有着厚厚鳞片的软骨硬鳞鱼，她会通过嘴巴前部粗壮锋利的牙齿牢牢地把鱼抓住，然后再用嘴巴后部那些带着牙尖的牙齿咬碎它们的鳞片。这不仅能防止猎物逃跑，而且充分的咀嚼还会帮助她消化。

此时，蒂妮正在岩石上警惕地望向四周，因为她刚刚抓到一条美味的鱼，她可不想让那些懒惰的家伙趁机把她的美食抢走。

**蒂妮家族档案**
学名：*Eudimorphodon*
中文名称：真双型齿翼龙
种类：非翼手龙类
体型：翼展约 1 米
食性：鱼
生存年代：晚三叠世，距今 2 亿 1000 万年至 2 亿 300 万年
化石产地：欧洲，意大利

# 守株待兔的激龙阿普里

即使是强大的掠食者也有偷懒的时候，不过守株待兔有时候也未必不是一个好办法。

1亿1100万年前，今天的巴西。

午后的森林真是太热了，连那些茂盛的枝叶都抵挡不住阳光的照射，纷纷蜷缩着身子躲了起来。

激龙阿普里躲在一棵大树下乘凉，他换了好几个姿势，尽量把自己的身体全部隐藏在阴影中，可是这看上去相当困难，因为他的身长有8米，在森林中也算是个大个子了！

阿普里在森林中游荡了一个上午，但是他一无所获。

他喜欢吃鱼，当然有时候也吃些小动物。可是不知道是不是天气太热了，一整个上午森林中连一只活蹦乱跳的家伙都没有，而湖里的那些鱼儿，也全都躲了起来，他们并不像往常一样兴奋地在水面上蹿上蹿下。

即使阿普里在这片森林中占据很明显的优势地位，常常能够在很短的时间内捕食足够多的食物，可是当捕食的目标完全将自己隐蔽起来的时候，即使是最好的猎人也毫无办法。

现在，阿普里真是又饿又累，他拖着疲惫的身体找到了一棵可以隐藏身体的大树。他趴在仅有的一点儿树荫中，大口大口地喘着粗气。

阿普里决定不去捕猎了，在这鬼天气里，这样的捕猎方式完全就是在拿自己的性命开玩笑。他宁愿选择睡觉来保存自己的体力，说不定会有猎物送上门呢！

炎热的阳光还在一刻不停地洒向地面，阿普里在温暖中昏昏欲睡，他要去梦一些美食来填补自己睡觉的时间。

不过就在阿普里刚刚进入梦乡的时候，突然，一声猛烈的撞击声从距离他并不远的地方传来。阿普里迅速站起身来，警惕地向四周望去，长时间的捕猎生涯让他十分谨慎。

可是，全神贯注的阿普里突然笑了起来。

这次，他看到的不是敌人，而是一只倒霉的从天上掉下来的翼龙。

他迅速朝翼龙走去，并且敏捷地把他叼到了嘴巴里。

叼着猎物的阿普里小心翼翼地望向四周，在确保没有其他的家伙盯上这只可怜的翼龙后，才迅速向丛林跑去。

看来，这次阿普里守株待兔的愿望还真的实现了！

**阿普里家族档案**

学名：*Irritator*
中文名称：激龙
种类：兽脚类
体型：体长 8 米，高约 3 米，体重约 2~3 吨
食性：肉食
生存年代：早白垩世，距今 1 亿 1200 万年至 1 亿年
化石产地：南美洲，巴西

# 梳颌翼龙费恩的致命牙齿

梳颌翼龙的牙齿非常多，接近 400 颗，可是它们却都非常脆弱，甚至连一条鱼儿都刺穿不了！

这可怎么办？他们要怎么捕食呢？

别担心，造物主是不会这么失算的，他总会给不同的生命体配备个性独特的零部件，让他们能够适应自己的生活。

因此，梳颌翼龙的捕食工具非常独特，它很好地回避了梳颌翼龙牙齿的弱点——脆弱，而是强调了它的优点——数量庞大，让 400 颗牙齿集中起来，组成另类的滤食器。

这个滤食器可不是造物主的随意之作，因为凭借这个捕食工具，梳颌翼龙成了非常强大的捕食者。不过关于这一切，梳颌翼龙的猎物——鱼儿，并不知道，那些牙齿可一点都不脆弱，全都是致命的武器。

1 亿 5000 万年前，今天的欧洲中部。

清晨的阳光透过树叶的缝隙照射到大地上，清澈的湖水在阳光的照耀下蠢蠢欲动。一切都像是要追随阳光从黑暗中苏醒一样，生命的气息在森林里渐渐升腾起来。

对于水里的鱼儿来说，这原本是一个美好的早晨，可是梳颌翼龙费恩和他的伙伴的突然造访，却破坏了这一切！

没有谁规定他们不能来这片水域，在广大的森林里，为数不多的水塘全都是公共区域。连大型的米拉加亚龙看到费恩和伙伴的到来，也悻悻地离去了，他并不想打扰他们，当然更不想惹祸上身，看来他得到别处去饮水了。

费恩和自己的伙伴大摇大摆地踏进了水里，清凉的湖水没过了他们的脚面，洒落的阳光将他们包围在一圈光影之中。费恩低下身体，惬意地将自己柔软的绒毛浸在了冰凉的湖水里，他要就着干净的水好好为自己梳理一番。

不过，戏水沐浴并不是费恩今天来的主要目的，他和他的伙伴是为了水里的那些鱼儿而来的。

费恩在水里玩够了，他低下头，张开长长的嘴巴，将近 400 颗紧密排列在一起的牙齿在阳光下闪着冰冷的光。他轻轻地将张开的嘴巴埋到水里，虽然他的动作看上去那么优雅，可周围的水却灵敏地感觉到了变化，然后它们迅速将这一信息传达给了鱼儿。

顿时，水中一片混乱！

惊慌失措的鱼儿吓得四散而逃，湖水被搅得一片浑浊。虽然鱼儿的反应已经很快了，可还是逃不脱沉着应战的费恩的手掌。他就那么优雅而安静地张着嘴巴，等待着不知所措的家伙们涌到他的嘴巴里。

过了一会儿，费恩觉得时间差不多了，便合拢嘴巴，迅速将头从水面上抬起。

只见费恩嘴巴里满溢的水从他的牙齿缝中流了出来，细若悬丝，而刚刚连同湖水一涌到他嘴巴里的鱼，却只能臣服于这些致命的牙齿，老老实实地待在费恩的嘴巴里，成为他的美餐了！

将自己的嘴巴武装成滤食器，这绝对是生物在进化过程中的伟大创举，亿万年前的梳颌翼龙已经开始使用这样奇特的方式进行捕食，而一直到现在，蓝鲸和火烈鸟仍旧延续着这种获取食物的方式，以维持他们的生存。

---

**费恩家族档案**

学名：*Ctenochasma*
中文名称：梳颌翼龙
种类：翼手龙类
体型：翼展最大 1.2 米
食性：鱼
生存年代：晚侏罗世，距今 1 亿 5000 万年至 1 亿 4500 万年
化石产地：欧洲，法国、德国等

# 第一次独自捕食的悟空翼龙悟空

悟空翼龙悟空张开嘴巴扑向水中跃起的鱼儿，可想而知接下来是怎样血腥的情景。

猎杀，是动物界永恒的主题。而我们，宁愿将画面停留在血腥四溅与痛苦挣狞前，生命最为勃发的优美瞬间。

1亿2500万年前，今天的中国东北。

原本，悟空是可以等待妈妈将鲜美的鱼儿喂到嘴里的，可是，一个星期前，他的妈妈不幸死于那场争夺食物的战斗中。

悟空守着妈妈的身体整整7天7夜，巨大的伤痛与无助让他不知道应该如何应对接下来的生活。

他曾经想过，就这样一直陪伴着妈妈，然后去另外一个世界和妈妈重逢。可是，当巨大的饥饿带来死亡的预兆时，他却充满了恐惧。悟空本能地选择了求生，当然，这一定是他的妈妈想要看到的场景。

接下来的日子，悟空都需要独自面对生活。然而生活并不是童话，不会因为几个好听的故事就能让它继续，生活需要一分一秒扎实实地过。生活更像是一个闯关游戏，你想要得到任何东西，都必须先经历一番磨难。而现在，摆在悟空面前的最大的困难就是饥饿。

即使悟空还从来没有自己抓到过猎物，但是他依旧知道杀戮是与饥饿搏杀最好的武器。这根本不需要谁的指导，悟空知道他自己能做到，而且他必须做到。

这天早晨，悟空从树上腾空而起，他那美丽的翼展像是波浪一样在空中呼啸而过，留下一道美丽的弧线。

悟空已经看到了猎物，那是一只毫无防备、从水面跳跃到空中嬉戏的鱼儿。悟空对于自己第一次的出击并没有太紧张，他调动起体内的每一个细胞，张开布满锋利牙齿的嘴巴，直奔猎物而去……

接下来，便是画面以后的情景。

悟空以闪电般的速度向下俯冲，10 米、5 米、1 米……他在不断地接近自己的猎物，而那条可怜的鱼儿还没有任何反应。

够了，距离足够了，悟空准确无误地用他锋利的牙齿咬住了鱼儿的脑袋，鱼儿痛苦地摆动着尾巴，可是一切都已经晚了。

初试身手的悟空完成了他在距今 1 亿 2500 万年前的第一顿美餐，而伴随着美味同时到来的是鱼儿痛苦的挣扎。悟空在美味的早餐中品尝到了生活的味道，有甜也有苦……

好了，就到这儿吧，我们本不该说这么多关于痛苦的事情的！

---

**悟空家族档案**

学名：*Wukongopterus*
中文名称：悟空翼龙
种类：非翼手龙类
体型：体长约 50 厘米，翼展约 73 厘米
食性：鱼等
生存年代：早白垩世，距今 1 亿 2500 万年至 1 亿 2000 万年
化石产地：亚洲东部，中国，辽宁

# 霸王龙盖比的晚餐

一只三角龙死了，我们正要替他悲伤，可是他的尸体却养活了霸王龙、风神翼龙和驰龙三个家伙，似乎我们又要为这些能找到食物的家伙而感到欣喜。唉，这真是一件难以描述的事情。

6800 万年前，北美洲。

身强力壮的霸王龙盖比追上了一只年迈的三角龙。

三角龙群只不过是在河边喝了些水，然后要返回自己的窝，这只年迈的三角龙便被盖比盯上了。

他怎么可能是盖比的对手，在他生活的这片丛林中再也没有比盖比更厉害的家伙了。

盖比和他的亲戚全都是那个时代的终极杀手，是有史以来最可怕的食肉动物。他们恐怖的牙齿能够轻易刺穿猎物的鳞甲皮肉，直刺骨髓；他们巨大而强壮的身躯就像旋风一般，能够横扫一切竞争对手。

年迈的三角龙显然知道盖比的厉害，起初他还想加快速度朝三角龙群靠拢。如果他在队伍中的话，便不至于那么容易被猎杀，因为一群三角龙对盖比来说可是恐怖的敌人。可是，他很快就意识到自己的体力完全不允许他这么做。他非但没能追上已经踏上归途的龙群，反而把自己弄得气喘吁吁。

而可怕的盖比，他在旁边欣赏了这场好戏之后，几乎没有费什么力气，便把三角龙打翻在地，他锋利的牙齿将三角龙的内脏都掏了出来。

对于盖比来说，这完全算不上一场激烈的战斗，他并没花什么力气就得到了一顿不错的晚餐。

新鲜肉块散发出来的诱人味道在丛林中飘荡，一只风神翼龙和一只驰龙被吸引了过来。

他们远远地望着正在享用美餐的盖比，焦急地盼望着这位暴君能为他们留点残羹剩饭。

盖比当然看到了这两个家伙，一整只三角龙对他来说也真是太大了，他会留一些给他们的，作为统治者，他总应该大方一些。

而这只三角龙最终会在世界上彻底消失，为三位生者提供一顿完全没有浪费的晚餐。

**盖比家族档案**

学名：*Tyrannosaurus*
中文名称：霸王龙
种类：暴龙类
体型：体长约13米，高4米，重6.8吨
食性：肉食
生存年代：晚白垩世，距今约6800万年到6600万年
化石产地：北美洲

# 海中恶魔真鼻鱼龙斯坦利

在恐龙统治陆地的时候，另外一群动物正像恐龙一样，牢牢地把控着自己的领地——大海，他们就是鱼龙。

1亿8900万年前，今天的欧洲海底。

偌大的海洋似乎潜藏着无数食物，可捕食却仍旧没有想象中那么容易，当然，有谁会乖乖地让自己成为猎物呢！

活着，是所有动物的共同目标。在这个目标面前，每个生命都是平等的，无论大小、强弱。但要达到这样的目标，每个生命所要付出的努力却不一样。

从早三叠世诞生以来，掌控海洋的鱼龙家族发挥各自优势，不断适应海洋生活。比如身体越来越像现代的鱼或海豚，优美的流线型让他们完美地控制在水中的一切行动，无论是追捕还是逃生。再比如，长出独特的结构来对付那些猎物，就像真鼻鱼龙斯坦利。

斯坦利是海洋里鼎鼎有名的"尖嘴恶魔"，从这个绰号上你肯定能猜得出来，他有一张尖嘴，还是个厉害家伙。的确，斯坦利的尖嘴是说他像箭一样的上颌骨，这个上颌骨的长度占了整个脑袋的3/4，下面还密密麻麻地排列着锋利的牙齿，看上去让人不寒而栗。不过他的下颌骨却非常短，只有上颌骨的1/4长，也就是说他的嘴巴是不对称的。正是这个奇特的嘴巴，让他在战场上所向披靡。斯坦利不仅能很容易捕食到猎物，有时候还能按照自己的喜好点菜。现在，他满脑子都想着鳐鱼鲜美的味道，那好吧，今天的午餐就吃鳐鱼吧！

去哪儿找鳐鱼呢，别担心，斯坦利的鼻子非常灵敏，他吸吸鼻子就能嗅出不同猎物的味道。

果然，没游多远，斯坦利就嗅到了。他围着一个泥沙坑游了一圈，然后非常确定自己的猎物此时就在泥沙下面安安心心地睡大觉呢！鳐鱼或许以为有泥沙的掩蔽就能逃过

66

猎捕，可这对于斯坦利来说，一点都不起作用。只见他停下身子，用细长而坚硬的嘴巴不停地搅动掩盖鳐鱼的泥沙。感受到侵袭的鳐鱼顿时清醒过来，从泥沙里逃了出来，这可正中斯坦利的下怀。这个"恶魔"总是先毁坏猎物的房子，迫使他们主动逃出来，然后一口逮个正着，这样他连追捕猎物的时间都省了。

见鳐鱼从泥沙里逃了出来，斯坦利正要张开大嘴把他吞进肚子。忽然，一只大眼鱼龙从后而来，想要抢走猎物。

大眼鱼龙和斯坦利的体长大约都是6米，而且大眼鱼龙也长着一张尖尖的嘴，虽然没有斯坦利那么长。

正要捕食的斯坦利感觉到了背后的袭击，迅速向左后方转动身体，他像海豚一样的体形几乎让他感觉不到阻力。

而完全把注意力集中在鳐鱼身上的大眼鱼龙没想到斯坦利的反应如此之快，他还来不及撤身，斯坦利像箭一般的嘴巴已经刺破了他的身体。

鲜血顿时把海水染红了，鳐鱼也趁乱逃走了。

猎物跑了，斯坦利却没和大眼鱼龙纠缠太久，他大方地放走了大眼鱼龙。因为他知道，鳐鱼很快就会有的，而和个子跟自己差不多的大眼鱼龙对抗，不一定能占到多少便宜。他只想美美地吃顿午餐，至于复仇，还是算了吧！

---

**斯坦利家族档案**
学名：*Eurhinosaurus*
中文名称：真鼻鱼龙
种类：鱼龙类
体型：体长超过6米
食性：鱼类等
生存年代：晚三叠世至早侏罗世，距今约2亿年至1亿8000万年
化石产地：欧洲，英国、德国等

# 扁鳍鱼龙亚当家族的集体猎杀

身长 7 米的扁鳍鱼龙已经是鱼龙家族中最后的成员了，当然他们并不知道这一点。他们正凭借自己的优势展开杀戮，他们没有意识到这样的辉煌已经持续不了多长时间了，更加凶猛的海洋生物即将出现，而扁鳍鱼龙这样的顶级掠食者将沦为别人的美食。

1 亿 3000 万年前，今天的欧洲海域。

这天的天气很好，海面上一丝风都没有，一群海龟刚刚产完卵准备回到海里。生活对这些海龟来说正悄然发生着改变，新的家族成员的加入让他们欣喜万分。他们还不知道，自己精心选择的这个返回海里的日子，正暗流涌动。

海面下，扁鳍鱼龙亚当正带着自己的族群正在海洋中巡视，他们是这一带海域的统治者。亚当所在的扁鳍鱼龙家族正处于整个鱼龙家族的巅峰状态。他们的鳍状肢不再像是大号的鸭子腿一样只能在水里装饰装饰，而是已经高度特化，变得异常宽大；他们的身体也更像鱼，向下弯曲的口部使他们能够更轻易地把鼻孔探出水面，呼吸新鲜的空气。

这样的身体结构让他们更适合在海洋中生存，当然他们也并没有辜负好身板为自己带来的优势。他们正在成为海洋的霸主，而他们的食物不再局限于那些小鱼小虾，而是向更大的目标靠近。

亚当率领着家族成员在海里寻找着合适的猎物，忽然，一群海龟进入他们的视线。

　　和小鱼小虾相比，他们更钟爱这种个头合适的家伙，亚当没有犹豫，向家族成员发出信号，扁鳍鱼龙群迅速变换队形，将海龟包围其中，亚当张开血盆大口准确地咬住了一只海龟的脖子，另一只扁鳍鱼龙配合地咬住了这只海龟的鳍状肢。

　　好像只是在一瞬间，海洋就已经被海龟的鲜血染红，大开杀戒的亚当家族就在血红的海水中开始享用今天的美餐。

**亚当家族档案**

学名：*Platypterygius*
中文名称：扁鳍鱼龙
种类：鱼龙类
体型：体长 7 米
食性：鱼类、乌贼
生存年代：早白垩世，距今约 1 亿 3000 万年
化石产地：欧洲

# 恐头龙阿贵像吸尘器一样的脖子

　　为了能在竞争激烈的环境中生存下去，每种恐龙都会想方设法弄一些绝密武器，这些武器有的能让他轻松地对付敌人，有的能让他很快地吸引异性，还有的能让他捕食更多的猎物，就像恐头龙的长脖子。

　　2 亿 2800 万年前，今天的中国贵州的海底。

　　相貌诡异的恐头龙阿贵偷偷把头靠近两条小鱼，现在他要准备开始进餐了。

　　阿贵先是张开了自己的肋骨，腾出超大的空间，以便盛放他的食物。紧接着就轮到他那条 1.7 米长的可怕的脖子登场了。

　　他的脖子才是他最重要的捕食武器，它就像一个超大号的"吸尘器"一样，能在他捕食时启动起来，把所有能吃的东西统统都吸到肚子里。

　　瞧瞧，别放过眼前这惊险的一幕！一条可怜的小鱼儿还没看清阿贵的样子，就成了阿贵的腹中餐，那速度可真叫人惊叹！

---

**阿贵家族档案**

学名：*Dinocephalosaurus*
中文名称：恐头龙
种类：长颈龙类
体型：体长约 2.7 米
食性：鱼类等
生存年代：中三叠世，距今约 2 亿 2800 万年
化石产地：亚洲东部，中国，贵州

# 薄片龙珀西家族以少胜多的战斗

在捕食的战斗中，有时候数量决定不了一切，策略、技能和所使用的"工具"才是决定战斗结果最关键的因素。

7500万年前，北美洲。

薄片龙珀西带领家族成员冲向海洋中的鱼群，他们超长的脖子像一支箭一般插了进去，被惊扰的鱼群迅速在水中形成了一个漩涡，试图扰乱敌人的进攻计划，不过似乎并不奏效。

虽然和鱼群的数量相比，薄片龙珀西家族并不占优势，但是以少胜多的结局却已成定局。

**珀西家族档案**
学名：*Elasmosaurus*
中文名称：薄片龙
种类：蛇颈龙类
体型：体长约14米，重达7吨
食性：鱼类等
生存年代：晚白垩世，距今8000万年至7000万年
化石产地：北美洲，美国

# 胁空鸟龙利纳与小螃蟹的游戏

虽然捕食是他们最重要的任务，可有时候他们也需要透透气。在并不饥饿的时候，与那些小不点儿猎物逗逗趣，真是调节生活的好方法。

6800 万年前，今天的马达加斯加。

巨大的海浪拍打着岸边的礁石，清脆的响声打破了一夜的宁静。破晓的晨光照在海面上，仿若金色笼罩了整个世界。

天空中，两只深棕色的翅膀轻轻地划过，将这耀眼的金色从中间一分为二。

这对羽翼丰满的翅膀属于胁空鸟龙利纳，一只可以在天空翱翔的恐龙。

或许是时间太早了，整个世界都显得那么安静。利纳在有些孤寂的天空中盘旋了几圈，然后放慢速度，轻轻地落在位于马达加斯加西北部的海滩上。

碧蓝的海水不时地拍打着岩石，清晰的海浪声充斥着整片海滩。一些低矮的山丘将这里的海岸线变得弯弯曲曲，在阳光下炫耀着自己的身姿。葱绿的蕨类植物像一块大大的地毯，覆盖在整座山丘上，装点着这个金色的世界。

利纳独自漫步在海滩上，他的身长只有 0.6 米，身高也才 0.3 米，在浩瀚的大海面前，显得那么娇小可爱。

他百无聊赖地走着，不一会儿，细软的沙滩上就留下了一排蜿蜒的像鸟一样细长的足迹，只不过这些足迹都只有两个脚趾。

凉爽的海风轻拂着利纳身上的羽毛，他不时地跳起来，拍打两下翅膀。利纳虽然是一只恐龙，但是他的身体结构已经与鸟类没有太大区别，他们已经学会了飞翔，并与翼龙共享这片天空。

利纳的早餐吃得很饱，昨天晚上捕获的食物直到今天早晨还没有吃完。所以，利纳现在并不急着捕食，他只是不想错过早晨最新鲜的空气。

　　突然，不远处的一抹红色引起了利纳的注意，那鲜亮的颜色在金黄色的沙滩和海浪中间格外显眼。

　　一只早起的小螃蟹，利纳认了出来。

　　利纳饶有兴趣地慢慢向螃蟹靠近，他"巨大"的影子一下子便夺去了螃蟹头顶上的全部亮光。

　　突然被带入黑暗的螃蟹感觉到了危险的逼近，他收紧全身的盔甲想要逃跑，但是他的速度在利纳面前实在是不够快。

　　他刚一转身想要向正后方逃窜，就立刻被利纳截住了去路。不过，小螃蟹并没有被吓住，他索性抬起了一对结实的大"钳子"在空中挥舞，向这个"巨大"的敌人发出挑战。

　　很多时候，在强大的敌人面前，勇气是最重要的。

　　螃蟹挥舞了一阵"钳子"，可利纳一直没有采取行动。于是，他瞅准机会横着身子想要向左逃。可他的身子刚刚向左倾斜了一点，利纳就张开翅膀向左挡住了他的去路。小螃蟹随即又快速地向右逃窜，利纳同样又用翅膀挡住了他向右的去路。来回几个回合，利纳突然觉得这个游戏在他并不饥饿的状态下实在是不错，他饶有兴致地玩了起来。

　　玩了好一阵子，小螃蟹被折磨得无路可去，而利纳也觉得累了。他站直身子，收起翅膀，昂着脑袋，准备不再为难小螃蟹了。

　　正在困境中挣扎的小螃蟹被这突如其来的莫大的"福利"弄得不知如何是好，他在原地转了几圈后，才晕头转向地朝远处的礁石爬去。

　　利纳展开翅膀站在原地，脸上露出了颇为得意的神情……

**利纳家族档案**

学名：*Rahonavis*

中文名称：胁空鸟龙

种类：驰龙类

体型：体长 0.6 米，高 0.3 米，体重约 1.5 千克

食性：肉食

生存年代：晚白垩世，距今 7000 万年至 6600 万年

化石产地：非洲，马达加斯加

# 翼手龙分食

这是他们的生活中最开心也最残酷的时刻，他们得到了食物，却不得不为了争夺食物而和自己朝夕相处的伙伴大打出手，有时候那些食物甚至是用同伴的生命换来的。

1亿5000万年前，今天的英格兰。

一只3米长的原角鼻龙到山谷中的一处水洼饮水。

他是霸王龙的祖先，不过在他的身上还完全看不到后代的勇猛。就是这只倒霉的原角鼻龙，竟然就在喝水的时候被大型的掠食者袭击了，他几乎连反抗的机会都没有，便没了呼吸。

掠食者美美地饱餐了一顿，留下原角鼻龙的尸体残骸离开了。

这下可让盘旋在原角鼻龙尸体上方的翼手龙兴奋不已。现在，该是他们享受的时光了，或者，更准确地说，是到了强大的翼手龙享受的时光了！

和很多其他的群居动物一样，在翼手龙的家族中有着森严的等级制度。他们总是将自己的家族成员划分成三个等级：翼手龙的首领，年轻而体格健壮的翼手龙，以及年迈和年幼的弱小的翼手龙。家族中所有的活动都必须严格按照这样的等级来进行，首领永远都是第一位的，而那些弱小的翼手龙常常会成为家族利益的牺牲品。

这没有什么好惊讶的，自然界常常用这样的方法让强大的个体存活在这个世界上，对于生命的演化来说，这是最公平的方式。而分食就是践行这一公平方式的过程。

首先接近食物的是翼手龙的首领，他独自围绕着新鲜的食物，挑选他最喜欢的部分。其他成员在这个过程中都只能在远处旁观，没有谁敢挑衅首领的威严。

在经过仔细挑选后，翼手龙首领终于从原角鼻龙的尸体上撕扯下一大块新鲜的肉块，那足够让他吃上一阵子的。然后，他叼起肉块从翼手龙群中穿过，到一处安静的地方美美地享受去了。

而这时候，年轻健壮的翼手龙们终于可以不用再焦急地等待了，他们一窝蜂似地扑到了原角鼻龙的尸体上，一派茹毛饮血的场景。

你并不需要责怪他们怎么会如此不绅士，对于他们来说食物总是有限的，每只翼手龙能分到的就只有那么一点点，他们必须学会争抢来填饱自己的肚子。在这个时候，速度有时候会决定自己的生命。

所以，看似快乐的进食过程实际上是一场真正的战斗，其惨烈程度有时候甚至远远超过了捕食。

每一只健壮的翼手龙都在寻找最有利的位置，如果有谁阻挡了他的进食，身体上便免不了多一条被攻击的口子。

一直到这些年轻健壮的翼手龙吃得差不多，退出进食第一现场的时候，家族中最弱小的群体才有机会靠近食物，而那时候，食物已经所剩无几了！

他们常常因为饥饿而毙命，但这就是大自然最终的选择，强者生存，弱者淘汰，谁都没办法逃避。

---

**翼手龙家族档案**
学名：*Pterodactylus*
中文名称：翼手龙
种类：翼手龙类
体型：体长约 0.75 米，翼展约 1.5 米
食性：肉食
生存年代：晚侏罗世至早白垩世，距今 1 亿 5000 万年至 1 亿 4200 万年
化石产地：欧洲，英国、意大利

# 意外陷落的马萨卡利神龙蒂莫西

即使没有敌人来扰，现实生活还是会有种种可能威胁生命的陷阱，一旦误入其中，就只会将生存机会拱手让给别人。

8000 万年前，今天的巴西。

巨大的植食恐龙马萨卡利神龙蒂莫西已经两天没有进食了，他所在的森林完全被那些更为霸道的植食性恐龙抢占了。他们贪婪地吃光了所有的树叶，甚至连那些饱含水分的树根也没剩下一点。蒂莫西在混战中争夺了一些为数不多的叶子后，焦躁不安地向森林外走去。

饥饿让他的心情看上去非常糟糕。

蒂莫西拖着疲惫的身体走向远方，生存对任何一种生物来说都不是件易事，哪怕他是一只体型大到敌人不敢轻易靠近的恐龙。为了食物，他不得不四处奔波。

还好，蒂莫西的经验相当丰富，他只凭借空气中飘荡着的味道，便能准确地判断出食物的方向。他并没有走多长时间，便看到了那一片诱人的森林。那些郁郁葱葱的树木好像鲜嫩得能滴下水来，而那些翠绿的叶子则紧密地织成一堵巨大的墙，从各个方向反射出太阳刺眼的光芒。

蒂莫西兴奋地钻进了茂密的丛林中，他只要一抬头，便能轻松地将大量新鲜的叶子吞到肚子里，没有谁再和他争抢。他闭上眼睛，满足地享受着这难得的平静。

可就在这时，就在他得意地向前跨了一大步，想要吃到更多的嫩叶时，他突然觉得脚下的泥土变得异常松软。那些原本僵硬的泥土像柔软的苔藓一样，将他的脚包裹在了里面。他睁开眼睛想要看个究竟，却被眼前的情况吓呆了。他正陷入一片巨大的沼泽中。

蒂莫西紧张极了，他拼命扭动着身体，想要从那潭稀泥中挣脱出来。但他的体重，那个在他抵御敌人时颇具优势，却在这时起了适得其反的效果。沉重的身体跟随着带有"魔力"的泥土，不停地让他下陷、再下陷。

稀泥已经完全淹没了蒂莫西的双腿，蒂莫西拼命吼叫着，试图寻求帮助。可是，他的叫声却为他招来了杀身之祸。

蒂莫西的声音为这片沼泽的地头蛇——两条犰狳鳄，提供了帮助，他们循着声音准确无误地找到了陷在沼泽中的蒂莫西。他们贪婪的眼睛和张开的血盆大口预示了蒂莫西的结局。

而在一旁休息的古魔翼龙，惊恐地展翅高飞，想要迅速离开这个是非之地。

蒂莫西没想到，当自己幸运地战胜饥饿的时候，却被大自然无情的陷阱剥夺了生命。他的生命结束在了自己的得意忘形上。

**蒂莫西家族档案**
学名：*Maxakalisaurus*
中文名称：马萨卡利神龙
种类：蜥脚类
体型：体长约 13 米
食性：植食
生存年代：晚白垩世，距今约 8000 万年
化石产地：南美洲，巴西

# 中毒的阿拉摩龙瑚比

环境的改变总是为生命带来更新的挑战，要么适应环境，让生命延续下去，要么固守过去，被环境淘汰，你没有别的选择。

6900 万年前，世界发生了剧烈的变化。

之前连接在一起的盘古大陆几乎分裂成了现在大陆的样子，整个世界的气候依旧温暖，但是已经出现了寒冷的趋势，高纬度地区的降雪不断增加。植被相当茂盛，但是种类在不断地更换，甚至新出现了有花植物，这使得整个世界都充满了诱人的香气。

环境的改变迫使那时候的居民做出相应的调整，就像候鸟从北方搬到南方一样，不过那时候所发生的变化要比我们现在南北方的差异大得多。

对当时的居民阿拉摩龙瑚比来说，他最深的感受就是食物的变化。

他曾经爱吃的植物在慢慢消亡，取而代之的是新的、他从未接触过的食物。

瑚比并没有抵抗这些新食物的到来，他知道自己需要不断地尝试，以适应新的环境，否则他将无法继续生存下去。

但是，就在瑚比尝试着去吃那些漂亮的有花植物时，他却中毒了。

这些漂亮的花朵给他带来的不是新的希望，而是死亡。

瑚比就这样死去了，连他自己都没有想到。

但是瑚比肯定不会后悔自己的尝试，因为他的牺牲让整个龙群知道他们应该远离那些充满危险的花朵，从而暂时保住了龙群的生命。

---

**瑚比家族档案**

学名：*Alamosaurus*
中文名称：阿拉摩龙
种类：蜥脚类
体型：体长约 21 米
食性：植食
生存年代：晚白垩世，距今约 6900 万年
化石产地：北美洲

# 索 引

遵循中文习惯，按中文名称拼音首字母排序

# 本系列作品创作时参考文献

在此鸣谢每一位科学家，感谢他们为人类文明进步所做出的贡献。

参考论文：

1, Lu Junchang; Yoichi Azuma; Chen Rongjun; Zheng Wenjie; Jin Xingsheng (2008). "A new titanosauriform sauropod from the early Late Cretaceous of Dongyang, Zhejiang Province". *Acta Geologica Sinica (English Edition)*

2, You Hai-Lu; Tanque Kyo; Dodson Peter (2010). "A new species of *Archaeoceratops* (Dinosauria:Neoceratopsia) from the Early Cretaceous of the Mazongshan area, northwestern China"

3, Xing, X., Zhou, Z., Wang, X., Kuang, X., Zhang, F., and Du, X. (2003). "Four-winged dinosaurs from China." *Nature*

4, Norell, Mark, Ji, Qiang, Gao, Keqin, Yuan, Chongxi, Zhao, Yibin, Wang, Lixia. (2002). "'Modern' feathers on a non-avian dinosaur". *Nature*

5, Xu, X. and Norell, M.A. (2006). "Non-Avian dinosaur fossils from the Lower Cretaceous Jehol Group of western Liaoning, China."*Geological Journal*

6, Galton, Peter M.; Sues, Hans-Dieter (1983). "New data on pachycephalosaurid dinosaurs (Reptilia: Ornithischia) from North America". *Canadian Journal of Earth Sciences*

7, Evans, D. C.; Schott, R. K.; Larson, D. W.; Brown, C. M.; Ryan, M. J. (2013). "The oldest North American pachycephalosaurid and the hidden diversity of small-bodied ornithischian dinosaurs". *Nature Communications*

8, Jin, F., Zhang, F.C., Li, Z.H., Zhang, J.Y., Li, C. and Zhou, Z.H. (2008). "On the horizon of *Protopteryx* and the early vertebrate fossil assemblages of the Jehol Biota." *Chinese Science Bulletin*

9, Ji S., and Ji, Q. (2007). "*Jinfengopteryx* compared to *Archaeopteryx*, with comments on the mosaic evolution of long-tailed avialan birds." *Acta Geologica Sinica*(English Edition)

10, Xu, X.; Tan, Q.; Wang, J.; Zhao, X.; Tan, L. (2007). "A gigantic bird-like dinosaur from the Late Cretaceous of China". *Nature*

11, Ryan, M.J. (2007). "A new basal centrosaurine ceratopsid from the Oldman Formation, southeastern Alberta". *Journal of Paleontology*

12, Ryan, M.J.; A.P. Russell (2005). "A new centrosaurine ceratopsid from the Oldman Formation of Alberta and its implications for centrosaurine taxonomy and systematics". *Canadian Journal of Earth Sciences*

13, Zheng, Xiao-Ting; You, Hai-Lu; Xu, Xing; Dong, Zhi-Ming (19 March 2009). "An Early Cretaceous heterodontosaurid dinosaur with filamentous integumentary structures".*Nature*

14, Xu, Xing; Zheng Xiao-ting; You, Hai-lu (20 January 2009). "A new feather type in a nonavian theropod and the early evolution of feathers".

*Proceedings of the National Academy of Sciences (Philadelphia)*

15, Schweitzer, Mary H.; Wittmeyer, Jennifer L.; Horner, John R.; Toporski, Jan K. (March 2005)."Soft-tissue vessels and cellular preservation in *Tyrannosaurus rex*". *Science*

16, Brochu, C.R. (2003). "Osteology of *Tyrannosaurus rex*: insights from a nearly complete skeleton and high-resolution computed tomographic analysis of the skull". *Society of Vertebrate Paleontology Memoirs*

17, Farrier, John. "Scientists: The Quetzalcoatlus Pterosaur Could Probably Fly for 7-10 Days at a Time". *Neotorama*

18, Lawson, D. A. (1975). "Pterosaur from the Latest Cretaceous of West Texas. Discovery of the Largest Flying Creature." *Science*

19, Lehman, T. and Langston, W. Jr. (1996). "Habitat and behavior of *Quetzalcoatlus*: paleoenvironmental reconstruction of the Javelina Formation (Upper Cretaceous), Big Bend National Park, Texas", *Journal of Vertebrate Paleontology*

20, Mark P. Witton, Pterosaurus: Natural History, Evolution, Anatomy, 2013, Princeton University Press

21, Brusatte, S. L., Hone, D. W. E., and Xu, X. In press. "Phylogenetic revision of *Chingkankousaurus fragilis*, a forgotten tyrannosauroid specimen from the Late Cretaceous of China." In: J.M. Parrish, R.E. Molnar, P.J. Currie, and E.B. Koppelhus (eds.), *Tyrannosaur! Studies in Tyrannosaurid Paleobiology*

22, Xu Xing, Forster, Catherine A., Clark, James M. & Mo Jinyou. (2006). A basal ceratopsian with transitional features from the Late Jurassic of northwestern China. *Proceedings of the Royal Society of London: Biological Sciences.*

23, Meng Qingjin, Liu Jinyuan, Varrichio, David J., Huang, Timothy & Gao Chunling. (2004). Parental care in an ornithischian dinosaur. *Nature*

24, Russell, D.A., Zheng, Z. (1993). "A large mamenchisaurid from the Junggar Basin, xinjiang, People Republic of China." *Canadian Journal of Earth Sciences*

25, Maleev, Evgeny A. (1955). "New carnivorous dinosaurs from the Upper Cretaceous of Mongolia." (PDF). *Doklady Akademii Nauk SSSR* (in Russian)

26, Xu Xing, X; Norell, Mark A.; Kuang Xuewen; Wang Xiaolin; Zhao Qi; and Jia Chengkai (2004). "Basal tyrannosauroids from China and evidence for protofeathers in tyrannosauroids". *Nature*

27, Z. Dong, X. Li, S. Zhou and Y. Zhang, 1977, "On the stegosaurian remains from Zigong (Tzekung), Szechuan province", *Vertebrata PalAsiatica*

28, Zhang, Fucheng; Zhou, Zhonghe; Xu, Xing; Wang, Xiaolin and Sullivan, Corwin. "A bizarre Jurassic maniraptoran from China with elongate ribbon-like feathers". *Nature*

29, Welles, S. P. (1954). "New Jurassic dinosaur from the Kayenta formation of Arizona". *Bulletin of the Geological Society of America*

30, Chen, P.; Dong, Z.; and Zhen, S. (1998). "An exceptionally well-preserved theropod dinosaur from the Yixian Formation of China". *Nature*

31, Perle, A., Norell, M.A., and Clark, J. (1999). "A new maniraptoran theropod - *Achillobator giganticus* (Dromaeosauridae) - from the Upper Cretaceous of Burkhant, Mongolia." *Contributions of the Mongolian-American Paleontological Project*

32, P. Godefroit, P. J. Currie, H. Li, C. Y. Shang, and Z.-M. Dong. 2008." A new species of Velociraptor (Dinosauria: Dromaeosauridae) from the Upper Cretaceous of northern China". *Journal of Vertebrate Paleontology*

33, J.W. Hulke, 1887, "Note on some dinosaurian remains in the collection of A. Leeds, Esq, of Eyebury, Northamptonshire", *Quarterly Journal of the Geological Society*

34, N. R. Longrich and P. J. Currie. 2009. "A microraptorine (Dinosauria–Dromaeosauridae) from the Late Cretaceous of North America". *Proceedings of the National Academy of Sciences*

35, Makovicky, J.A., Apesteguía, S., and Agnolín, F.L. (2005). "The earliest dromaeosaurid theropod from South America." *Nature*

36, Jerzykiewicz, T. and Russell, D.A. (1991). "Late Mesozoic stratigraphy and vertebrates of the Gobi Basin." *Cretaceous Research*

37, Buffetaut, E. and Morel, N., 2009, "A stegosaur vertebra (Dinosauria: Ornithischia) from the Callovian (Middle Jurassic) of Sarthe, western France", *Comptes Rendus Palevol*

38, Maidment, Susannah C.R.; Norman, David B.; Barrett, Paul M.; Upchurch, Paul (2008). "Systematics and phylogeny of Stegosauria (Dinosauria: Ornithischia)" *Journal of Systematic Palaeontolog*

39, Turner, C.E. and Peterson, F. (2004). "Reconstruction of the Upper Jurassic Morrison Formation extinct ecosystem—a synthesis".*Sedimentary Geology*

40, Harris, J.D. (2006). "The significance of *Suuwassea emiliae* (Dinosauria: Sauropoda) for flagellicaudatan intrarelationships and evolution". *Journal of Systematic Paleontology*

41, Wilson, J. A. (2002). "Sauropod dinosaur phylogeny: critique and cladistica analysis".*Zoological Journal of the Linnean Society*

42, Upchurch, P et al. (2000). "Neck Posture of Sauropod Dinosaurs". *Science*

43, Taylor, M.P., Wedel, M.J., and Naish, D. (2009). "Head and neck posture in sauropod dinosaurs inferred from extant animals". *Acta Palaeontologica Polonica*

44, Grellet-Tinner, Chiappe, & Coria (2004). "Eggs of titanosaurid sauropods from the Upper Cretaceous of Auca Mahuevo (Argentina)". *Canadian Journal of Earth Science*

45, Norell, Mark A.; Makovicky, Peter J. (1997). "Important features of the dromaeosaur skeleton: information from a new specimen". *American Museum Novitates*

46, Schmitz, L.; Motani, R. (2011). "Nocturnality in Dinosaurs Inferred from Scleral Ring and Orbit Morphology". *Science*

47, Jerzykiewicz, Tomasz; Currie, Philip J.; Eberth, David A.; Johnston, P.A.; Koster, E.H.; Zheng, J.-J. (1993). "Djadokhta Formation correlative strata in Chinese Inner Mongolia: an overview of the stratigraphy, sedimentary geology, and paleontology and comparisons with the type locality in the pre-Altai Gobi". *Canadian Journal of Earth Sciences*

48, Sander, P. M.; Mateus, O. V.; Laven, T.; Knötschke, N. (2006-06-08). "Bone histology indicates insular dwarfism in a new Late Jurassic sauropod dinosaur". *Nature*

49, D'Emic, M. D. (2012). "The early evolution of titanosauriform sauropod dinosaurs". *Zoological Journal of the Linnean Society*

50, Weishampel, D., Norman, D. B. et Grigorescu, D. 1993. "*Telmatosaurus transsylvanicus* from the Late Cretaceous of Romania: the most basal hadrosaurid dinosaur" .*Palaeontology*

51, Marpmann, J. S.; Carballido, J. L.; Sander, P. M.; Knötschke, N. (2014-03-27). "Cranial anatomy of the Late Jurassic dwarf sauropod Europasaurus *holgeri* (Dinosauria, Camarasauromorpha): Ontogenetic changes and size dimorphism". *Journal of Systematic Palaeontology*

52, Stokes, William J. (1945). "A new quarry for Jurassic dinosaurs". *Science*

53, Loewen, Mark A. (2003). "Morphology, taxonomy, and stratigraphy of *Allosaurus* from the Upper Jurassic Morrison Formation". *Journal of Vertebrate Paleontology*

54, Zheng, Xiaoting; Xu, Xing; You, Hailu; Zhao, Qi; Dong, Zhiming (2010). "A short-armed dromaeosaurid from the Jehol Group of China with implications for early dromaeosaurid evolution". *Proceedings of the Royal Society B*

55, Zhou, Z. (2006). "Evolutionary radiation of the Jehol Biota: chronological and ecological perspectives". *Geological Journal*

56, Xu, X.; Zhou, Z.-H.; Wang, X.-L.; Kuang, X.-W.; Zhang, F.-C.; Du, X.-K. (2003). "Four-winged dinosaurs from China". *Nature*

57, Nicholls, Elizabeth L.; Manabe, Makoto (2004). "Giant Ichthyosaurs of the Triassic—A New Species of Shonisaurus from the Pardonet Formation (Norian: Late Triassic) of British Columbia". *Journal of Vertebrate Paleontology*

58, Longrich, N.R. and Currie, P.J. (2009). "A microraptorine (Dinosauria–Dromaeosauridae) from the Late Cretaceous of North America." *Proceedings of the National Academy of Sciences*

59, H.-D. Sues, 1978, "A new small theropod dinosaur from the Judith River Formation (Campanian) of Alberta Canada", *Zoological Journal of the Linnean Society*

60, Carrano, M.T.; D'Emic, M.D. (2015). "Osteoderms of the titanosaur sauropod dinosaur *Alamosaurus sanjuanensis* Gilmore, 1922". *Journal of Vertebrate Paleontology*

61, Fowler, D. W.; Sullivan, R. M. (2011). "The First Giant Titanosaurian Sauropod from the Upper Cretaceous of North America". *Acta Palaeontologica Polonica*

62, Anderson, JF; Hall-Martin, AJ; Russell, Dale(1985). "Long bone circumference and weight in mammals, birds and dinosaurs". *Journal of Zoology*

63, Gasparini, Z. Martin, J. E., and Fernández M. 2003. "The elasmosaurid plesiosaur *Aristonectes* Cabrera from the latest Cretaceous of South America and Antarctica". *Journal of Vertebrate Palaeontology*

64, Carpenter, K. 1999. "Revision of North American elasmosaurs from the Cretaceous of the western interior". *Paludicola*

65, D'Emic, M.D. and B.Z. Foreman, B.Z. (2012). "The beginning of the sauropod dinosaur hiatus in North America: insights from the Lower Cretaceous Cloverly Formation of Wyoming." *Journal of Vertebrate Paleontology*

66, Fernández M. 2007. Redescription and phylogenetic position of *Caypullisaurus* (Ichthyosauria: Ophthalmosauridae). *Journal of Paleontology*

67，Currie, Philip J. (1995). "New information on the anatomy and relationships of *Dromaeosaurus albertensis* (Dinosauria: Theropoda)". *Journal of Vertebrate Paleontology*

68，Longrich, N.R.; Currie, P.J. (2009). "A microraptorine (Dinosauria–Dromaeosauridae) from the Late Cretaceous of North America". *PNAS*

69，Xu X., Clark, J.M., Forster, C. A., Norell, M.A., Erickson, G.M., Eberth, D.A., Jia, C., and Zhao, Q. (2006). "A basal tyrannosauroid dinosaur from the Late Jurassic of China". *Nature*

70，Martill, D. M.; Cruickshank, A. R. I.; Frey, E.; Small, P. G.; Clarke, M. (1996). "A new crested maniraptoran dinosaur from the Santana Formation (Lower Cretaceous) of Brazil". *Journal of the Geological Society*

71，Li,C., Rieppel, O.,LaBarbera, M.C. (2004) "A Triassic Aquatic Protorosaur with an Extremely Long Neck ", *Science*

72，Sander, P. M., and N. Klein (2005). "Developmental plasticity in the life history of a prosauropod dinosaur". *Science*

73，Dodson, P., Behrensmeyer, A.K., Bakker, R.T., and McIntosh, J.S. (1980). "Taphonomy and paleoecology of the dinosaur beds of the Jurassic Morrison Formation". *Paleobiology*

74，Bonnan, M. F. (2003). "The evolution of manus shape in sauropod dinosaurs: implications for functional morphology, forelimb orientation, and phylogeny" . *Journal of Vertebrate Paleontology*

75，Lü, J.-C.; Xu, L.; Zhang, X.-L.; Ji, Q.; Jia, S.-H.; Hu, W.-Y.; Zhang, J.-M.; Wu, Y.-H. (2007). "New dromaeosaurid dinosaur from the Late Cretaceous Qiupa Formation of Luanchuan area, western Henan, China". *Geological Bulletin of China*

76，Wang, X., Zhou, Z., Zhang, F., and Xu, X. (2002). "A nearly completely articulated rhamphorhynchoid pterosaur with exceptionally well-preserved wing membranes and 'hairs' from Inner Mongolia, northeast China." *Chinese Science Bulletin*

77，Peters, D. (2003). "The Chinese vampire and other overlooked pterosaur ptreasures." *Journal of Vertebrate Paleontology*

78，Wang, X., Kellner, A.W.A., Zhou, Z., and Campos, D.A. (2008). "Discovery of a rare arboreal forest-dwelling flying reptile (Pterosauria, Pterodactyloidea) from China." *Proceedings of the National Academy of Sciences*

79，Jouve, S. (2004). "Description of the skull of a Ctenochasma (Pterosauria) from the latest Jurassic of eastern France, with a taxonomic revision of European Tithonian Pterodactyloidea". *Journal of Vertebrate Paleontology*

80，Andres, B.; Clark, J.; Xu, X. (2014). "The Earliest Pterodactyloid and the Origin of the Group". *Current Biology*

81，Wang X.; Kellner, A. W. A.; Jiang S.; Meng X. (2009). "An unusual long-tailed pterosaur with elongated neck from western Liaoning of China". *Anais da Academia Brasileira de Ciências*

82，Meng, J., Hu, Y., Wang, Y., Wang, X., Li, C. (Dec 2006). "A Mesozoic gliding mammal from northeastern China". *Nature*

83，Leandro C. Gaetano and Guillermo W. Rougier (2011). "New materials of *Argentoconodon fariasorum* (Mammaliaformes, Triconodontidae) from the Jurassic of Argentina and its bearing on triconodont phylogeny". *Journal of Vertebrate Paleontology*

84，Zhe-Xi Luo (2007). "Transformation and diversification in early mammal evolution". *Nature*

85，Forster, Catherine A.; Sampson, Scott D.; Chiappe, Luis M. & Krause, David W. (1998a). "The Theropod Ancestry of Birds: New Evidence from the Late Cretaceous of Madagascar". *Science*

86，Turner, Alan H.; Pol, Diego; Clarke, Julia A.; Erickson, Gregory M.; and Norell, Mark (2007). "A basal dromaeosaurid and size evolution preceding avian flight" (PDF). *Science*

87，Andres, B.; Clark, J.; Xu, X. (2014). "The Earliest Pterodactyloid and the Origin of the Group". *Current Biology*

88，Dalla Vecchia, F.M. (2009). "Anatomy and systematics of the pterosaur *Carniadactylus* (gen. n.) *rosenfeldi* (Dalla Vecchia, 1995)." *Rivista Italiana de Paleontologia e Stratigrafia*

89，Ösi, Attila; Weishampel, David B.; Jianu, Coralia M. (2005). "First evidence of azhdarchid pterosaurs from the Late Cretaceous of Hungary" . *Acta Palaeontologica Polonica*

90，Norell, M.A.; Clark, J.M.; Turner, A.H.; Makovicky, P.J.; Barsbold, R.; Rowe, T. (2006). "A new dromaeosaurid theropod from Ukhaa Tolgod (Ömnögov, Mongolia)". *American Museum Novitates*

91，Aaron R.H. Leblanc, Michael W. Caldwell & Nathalie Bardet (2012). "A new mosasaurine from the Maastrichtian (Upper Cretaceous) phosphates of Morocco and its implications for mosasaurine systematics". *Journal of Vertebrate Paleontology*

92，Persson, P.O., 1960, "Lower Cretaceous Plesiosaurians (Reptilia) from Australia", *Lunds Universitets Arsskrift*

93，Coombs, Walter P. (December 1978). "Theoretical Aspects of Cursorial Adaptations in Dinosaurs". *The Quarterly Review of Biology*

94，Gianechini, F.A.; Apesteguía, S.; Makovicky, PJ (2009). "The unusual dentiton of *Buitreraptor* gonzalezorum (Theropoda: Dromaeosauridae), from Patagonia, Argentina: new insights on the unenlagine teeth". *Ameghiniana*

95，Hu, D.; Hou, L.; Zhang, L. & Xu, X. (2009), "A pre-*Archaeopteryx* troodontid theropod from China with long feathers on the metatarsus", *Nature*

96，Longrich, N.R., Sankey, J. and Tanke, D. (2010). "*Texacephale langstoni*, a new genus of pachycephalosaurid (Dinosauria: Ornithischia) from the upper Campanian Aguja Formation, southern Texas, USA." *Cretaceous Research*

97，Agnolin, F. L.; Ezcurra, M. D.; Pais, D. F.; Salisbury, S. W. (2010). "A reappraisal of the Cretaceous non-avian dinosaur faunas from Australia and New Zealand: Evidence for their Gondwanan affinities". *Journal of Systematic Palaeontology*

98，Elizabeth L. Nicholls, Chen Wei, Makoto Manabe , "New Material of *Qianichtyosaurus* Li, 1999 (Reptilia, Ichthyosauria) from the late Triassic of southern China, and Implications for the Distribution of Triassic Ichthyosaurs."

99，X. Wang, G. H. Bachmann, H. Hagdorn, P. M. Sanders, G. Cuny, X. Chen, C. Wang, L. Chen, L. Cheng, F. Meng, and G. Xu. 2008. The Late Triassic black shales of the Guanling area, Guizhou province, south-west China: a unique marine reptile and pelagic crinoid fossil lagerstätte. *Palaeontology*

110，Williston S. W. (1890b). "A New Plesiosaur from the Niobrara Cretaceous of Kansas". *Transactions of the Annual Meetings of the Kansas Academy of Scienc*

111，Williston S. W. (1906). "North American plesiosaurs: *Elasmosaurus,Cimoliasaurus,* and *Polycotylus*". *American Journal of Science Series*

112，Bonde, N.; Christiansen, P. (2003). "New dinosaurs from Denmark". *Comptes Rendus Palevol*

113，Lindgren, J.; Currie, P. J.; Rees, J.; Siverson, M.; Lindström, S.; Alwmark, C. (2008). "Theropod dinosaur teeth from the lowermost Cretaceous Rabekke Formation on Bornholm, Denmark". *Geobios*

114, Sereno, P.C.; Beck, A.L.; Dutheil, D.B.; Gado, B.; Larsson, H.C.E.; Lyon, G.H.; Marcot, J.D.; Rauhut, O.W.M.; Sadleir, R.W.; Sidor, C.A.; Varricchio, D.D.; Wilson, G.P; and Wilson, J.A. (1998). "A long-snouted predatory dinosaur from Africa and the evolution of spinosaurids". *Science*

115, Carballido, J.L.; Marpmann, J.S.; Schwarz-Wings, D.; Pabst, B. (2012). "New information on a juvenile sauropod specimen from the Morrison Formation and the reassessment of its systematic position". *Palaeontology*

116, Marsh, O.C. (1881). "Note on American pterodactyls." *American Journal of Science*

117, Urner, Alan H.; Pol, D., Clarke, J.A., Erickson, G.M. and Norell, M. (2007). "A basal dromaeosaurid and size evolution preceding avian flight". *Science*

118, Prum, R.; Brush, A.H. (2002). "The evolutionary origin and diversification of feathers". *The Quarterly Review of Biology*

119, Brochu, C.R. (2003). "Osteology of Tyrannosaurus rex: insights from a nearly complete skeleton and high-resolution computed tomographic analysis of the skull". *Society of Vertebrate Paleontology Memoirs*

120, Olshevsky, G., 2000, *An annotated checklist of dinosaur species by continent. Mesozoic Meanderings*

121, Ji, S., Ji, Q., Lu J., and Yuan, C. (2007). "A new giant compsognathid dinosaur with long filamentous integuments from Lower Cretaceous of Northeastern China." *Acta Geologica Sinica*

122, Zhao, X.; Li, D.; Han, G.; Zhao, H.; Liu, F.; Li, L. & Fang, X. (2007). "*Zuchengosaurus maximus* from Shandong Province". *Acta Geoscientia Sinica*

123 Xu, X., Wang, K., Zhao, X. & Li, D. (2010). "First ceratopsid dinosaur from China and its biogeographical implications". *Chinese Science Bulletin*

124, Fiorillo, A. R.; Tykoski, R. S. (2012). "A new Maastrichtian species of the centrosaurine ceratopsid *Pachyrhinosaurus* from the North Slope of Alaska". *Acta Palaeontologica Polonica*

参考书目：

1, Manyuan Long. Hongya Gu. Zhonghe Zhou. *Darwin's Heritage Today*：*Proceedings of the Darwin 200 Beijing International Con* . 2010. 高等教育出版社

2, Roy Chapman Andrews. On The Trail of Ancient Man. Published by G.P.Putnam's Sons. 1926. New York

3, David B. Weishampel. Peter Dodson. Halazka Osmolska. The Dinosauria. 2007. University of California Press

4, Li JingLing. Wu XiaoChun. Zhang FuCheng. *The Chinese Fossil Reptiles and Their Kin*. 2008. Science Press, BeiJing,

5, ManYuan Long. HongYa Gu. ZhongHe Zhou. Darwin's Heritage Today：Proceedings of The Darwin 200 Beijing International Con. 2010. Higher Education Press

6, Mee-Mann Chang. Pei-Ji Chen. Yuan-Qing Wang. Yuan Wang" The Jehol Fossils" The Emergence of Feathered Dinosaurs. Beaked Birds and Flowering Plants. 2008. Academic Press

7, Michale Foote, Arnold I.Miller,《古生物学原理》，2013，科学出版社

杨杨和赵闯的恐龙物语
（第一辑）

没有谁愿意孤独一生

下一站也许更美好

你相信有免费的晚餐吗？

战争没有胜利者

# 作者信息  About the author

## 与绘画作者交流  Contact the artist

E-Mail: zc@pnso.org

**赵 闯**

科学艺术家。
啄木鸟科学艺术小组创始人之一。

**ZHAO Chuang**
science artist
Zhao is one of the founders of PNSO.

如果你对本书中绘画作品感兴趣
可以微信扫描二维码与赵闯成为朋友

If you are interested in the paintings in the book
Scan the code to get in touch with ZHAO Chuang

2010 年，赵闯和科学童话作家杨杨共同发起的"重述地球"科学艺术研究与创作项目，计划以 20 年的时间完成第一阶段任务。目前，该项目中以赵闯担任主创的视觉作品多次发表在《自然》《科学》《细胞》等全球顶尖科学期刊上，并且与美国自然历史博物馆、芝加哥大学、中国科学院、北京大学、中国地质科学院等研究机构的数十位科学家长期合作，为他们正在进行的研究项目提供科学艺术支持。

2015 年，赵闯与科学童话作家杨杨以"重述地球"项目作品为核心内容，创办青少年科学艺术期刊《恐龙大王》和《我有一只霸王龙》。

In 2010, together with Science Fairy Tale Writer YANG Yang, ZHAO has initiated the science art research project *Restatement of the Earth*. The 1st phase of the project seeks to be accomplished in 20 years. Working as the lead artist, ZHAO Chuang's artworks have been published in the lead science magazines such as *Nature, Science* and *Cell*.

ZHAO Chuang is now collaborating with dozens of leading scientists from research institutions such as the American Museum of Natural History, Chicago University, China Academy of Science, China Academy of Geological Science and Beijing Natural History Museum; working on their paleontology research projects and providing artistic support in their fossil restoration works.

In 2015, base on the core content of the project Restatement of the Earth, ZHAO Chuang and YANG Yang have started the 2 science art magazines for young children and adolescents: *Dinosaur Stars and I Have a T-Rex.*

## 与文字作者交流  Contact the author

E-Mail: yy@pnso.org

**杨 杨**

科学童话作家。
啄木鸟科学艺术小组创始人之一。

**YANG Yang**
Science Fairy Tale Writer
YANG is one of the founders of PNSO.

如果你对本书中文字作品感兴趣
可以微信扫描二维码与杨杨成为朋友

If you are interested in the articles in the book
Scan the code to get in touch with YANG Yang

2010 年，杨杨和科学艺术家赵闯共同发起的"重述地球"科学艺术研究与创作项目，计划以 20 年的时间完成第一阶段任务。目前，该项目中以杨杨担任主创的文字作品已经结集完成数十部图书，其中超过 35 种作品荣获了国家级和省部级奖项，获得了"国家动漫精品工程""三个一百原创图书""面向青少年推荐的一百种优秀图书"等荣誉，也取得了"国家出版基金"等政策支持。

2015 年，杨杨和科学艺术家赵闯以"重述地球"项目作品为核心内容，创办青少年科学艺术期刊《恐龙大王》和《我有一只霸王龙》。

In 2010, together with science artist ZHAO Chuang, YANG Yang has initiated the science art research project *Restatement of the Earth*. The 1st phase of the project seeks to be accomplished in 20 years. Working as the lead editor and author, YANG Yang has completed dozens of books, supported and funded by the National Publication Foundation, 35 of which have been awarded the national and provincial prices. The awards include *the National Animation Epic Project Award, the 3x100 Award of Original Publications, the 100 Outstanding Books Recommendation for National Adolescents.*

In 2015, base on the core content of the project Restatement of the Earth, YANG Yang and ZHAO Chuang have started the 2 science art magazines for young children and adolescents: *Dinosaur Stars* and *I Have a T-Rex.*

# 相关信息　Publication information

## 与更多本书读者交流　Contact other readers

微信扫描二维码
关注本书会员期刊
《PNSO 恐龙大王》

Scan the Code in WeChat
to follow our official account:
PNSO Dinosaur Stars

## 本书内容来源　Source of the contents

## Restatement of the Earth
## 重述地球

### A Science Art Creative Programme by PNSO
来自啄木鸟科学艺术小组的创作

## Project Darwin
### nature science art project

注：近年来，人类在古生物学领域的研究日新月异，几乎每年都有多项重大成果发表，科学家不断地通过新的证据推翻过去的观点，考虑到科普图书的严肃性，本书所涉及的知识均为大多数科学家认可的主流观点。我们计划每两年对本书做一次修订，将本领域全球顶尖科学家最新的研究成果进行吸纳。

**Acknowledgement:**
The development and research results in the paleontological academic realm are rapidly updating in recent years, scientists are reviewing their past results base on newly found evidences. The contents in this popular science book are based on the main stream science publication, which were proved and acknowledged by majority of scientists. To ensure the quality and seriousness of the contents, we plan to constantly refer to the latest research results from global scientists in relative realms, and revise the contents biennially.

# 版权信息　Copyright

图书在版编目（CIP）数据

你相信有免费的晚餐吗？/ 杨杨，赵闯编著 .-- 长春：吉林出版集团有限责任公司，2015.6
（杨杨和赵闯的恐龙物语）
ISBN 978-7-5534-7404-5

Ⅰ . ①没… Ⅱ . ①杨… ②赵… Ⅲ . ①恐龙－青少年读物 Ⅳ . ① Q915.864-49

中国版本图书馆 CIP 数据核字 (2015) 第 093945 号

杨杨和赵闯的恐龙物语
## 你相信有免费的晚餐吗？（精装版）

文字作者：杨　杨
绘画作者：赵　闯
出 版 人：齐　郁
选题策划：齐　郁
责任编辑：陈松田
审　　读：王　非
法律顾问：赵亚臣

出　　版：吉林出版集团有限责任公司
发　　行：吉林出版集团青少年书刊发行有限公司
地　　址：吉林省长春市人民大街 4646 号
邮政编码：130021
电　　话：0431-86037607 / 86037637
印　　刷：北京盛通印刷股份有限公司（如有印制问题，请与印厂联系）
地　　址：北京市大兴区亦庄经济技术开发区经海三路 18 号
联 系 人：李鑫洋
联系电话：010-67887676
版　　次：2015 年 6 月第 1 版
印　　次：2015 年 6 月第 1 次印刷
开　　本：230mm×280mm　1/12
印　　张：8
字　　数：70 千字
书　　号：ISBN 978-7-5534-7404-5
定　　价：68.00 元　　　　　　　版权所有 翻印必究

编辑制作：上海嘉麟杰益鸟文化传媒有限公司
北京地址：北京市朝阳区望京广泽路 2 号慧谷根园平和胡同 50 号
上海地址：上海市徐汇区漕溪北路 595 号上海电影广场 B 栋 16 楼
总 编 辑：赵雅婷／出版总监：雷蕾／文字编辑：张璐
视觉总监：沈康／美术编辑：叶秋英　刘小竹／标题书法：刘其龙
发行总监：王炳护／联系电话：010-64399123
展览总监：潘朝／邮箱：panzhao@yiniao.com

版权提供
All Rights Reserved by PNSO

版权代理
Copyright Agency

## PNSO
啄木鸟科学艺术小组

益鸟科学艺术教育

Saichania

Pachycephalosaurus

Microraptor

Olorotitan

Mononykus

Triceratops

Nodosaurus

Stygimoloch

Sinosauropteryx

Tyrannosaurus

Protoceratops

Stegoceras

Tatisaurus

Dromaeosaurus

Stegoceras

Stygimoloch

Tatisaurus

Triceratops

Mononykus

Stegosaurus

Sinosauropteryx

Tyrannosaurus

Achelousaurus

Mamenchisaurus

Centrosaurus

Dromaeosaurus

Achelousaurus

Microraptor

Pachycephalosaurus

Wuerhosaurus

Huayangosaurus

Therizinosaurus

Tyrannos

Triceratops

Centrosaurus

Spinosaurus

Wuerhosaurus